National Competency Standards **NCS**

http://www.ncs.go.kr

메이크업 직무능력표준 학습모듈

응용 **메이크업** 실습서

노보경 · 김유정 저

구민사 Technology Computer

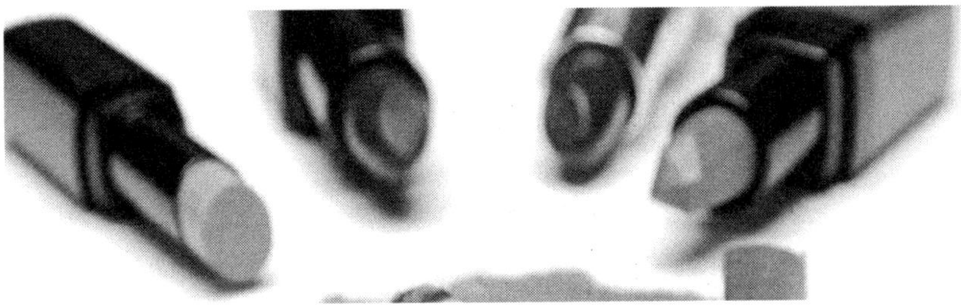

CONTENTS

교과목 프로파일

교과목 정보							
교과목명	응용 메이크업 실습서					이수구분	
학년 · 학기		학점		시수		이론/실습	

직무명 및 NCS 능력단위			
직무명	능력단위	능력단위코드	학습모듈
03. 메이크업	속눈썹 연출	1201010318	무
	응용 메이크업	1201010341	무
	트렌드 메이크업	1201010342	무

교과목 개요	메이크업사로서 고객의 아름다움의 욕구를 충족하기 위한 메이크업서비스로 산업현장에서 기본이 되는 응용 메이크업을 학습한다. 또한 NCS 능력단위의 수행준거를 기반으로 속눈썹 연출, 응용 메이크업, 트렌드 메이크업하기에 필요한 방법을 익히고 실습한다. 본 교과는 미용사(메이크업) 자격증 취득에 필요한 메이크업 현장실무 활용을 위한 교과목으로 고객 및 국내외 트렌드 등을 반영하여 산업현장에서 필요한 속눈썹 연출, 응용 메이크업, 트렌드 메이크업의 체계적인 과정에서 고객에게 적합한 현장실무에 필요한 능력을 갖춰 줄 수 있다. 본 교과는 1:1 상호실습 중심의 교과목이며 응용된 메이크업을 공부하기 위한 교과목이다.
교육목표	개발된 다양한 메이크업 현장에서의 작업구현을 위해 속눈썹 연출, 응용 메이크업, 트렌드 메이크업을 실행할 수 있도록 한다.
교육내용	인조 속눈썹 작업하기 패션 이미지 메이크업하기 시대별 메이크업하기 트렌드 메이크업하기

장비 및 도구	NCS 능력단위	자체 능력단위
	거울이 포함된 작업대 의자(높이조절이 가능한 메이크업 의자)	

교수 · 학습 방법	a	b	c	d	e	f	g	h
	O	O						
	a. 이론강의 b. 실습 c. 발표 d. 토론 e. 팀프로젝트 f. 캡스톤디자인 g. 포트폴리오(학습자/교수자) h. 기타							

평가방법	a	b	c	d	e	f	g	h	i	j	k	l	m
							O						O
	a. 포트폴리오 b. 문제해결 시나리오 c. 서술형 시험 d. 논술형 시험 e. 사례연구 f. 평가자 질문 g. 평가자 체크리스트 h. 피평가자 체크리스트 i. 일지/저널 j. 역할연기 k. 구두발표 l. 작업장 평가 m. 기타												

직업기초능력 연계 정보		
영역	하위영역	수행준거
자기개발능력(04)	2. 자기관리능력	1. 자기관리 단계별 계획을 수립할 수 있다.
		2. 자신의 내면을 관리할 수 있다.
		3. 자신의 생산성을 관리할 수 있다.
		4. 합리적인 의사결정을 할 수 있다.

교육정보	응용 메이크업 교재 및 동영상 시청각 기자재

관련 NCS 정보					
대분류	중분류	소분류	세분류	능력단위	능력단위코드
12. 숙박여행오락	01. 이·미용	01. 이·미용서비스	03. 메이크업	속눈썹 연출	1201010318_16v3

능력단위요소(코드)	수행준거	지식 · 기술 · 태도
인조 속눈썹 작업하기 (1201010318_16v3.02)	2.1. 인조 속눈썹 부착을 위한 제품, 도구를 사용할 수 있다. 2.2. 속눈썹과의 자연스러운 조화를 위해 수정할 수 있다.	**[지식]** • 속눈썹 제거·관리에 관한 지식 • 인조 속눈썹 글루에 대한 지식 • 작업 도구에 대한 지식 **[기술]** • 고객의 눈매에 따른 인조 속눈썹 형태, 길이 선택 능력 • 고객의 눈매에 맞는 기본 연출 기술 • 인조 속눈썹 부착기술 • 인조 속눈썹 수정보완 기술 • 인조 속눈썹 제거 기술 **[태도]** • 인조 속눈썹 작업 전 고객의 요구를 반영하려는 태도 • 인조 속눈썹 작업 후 고객의 반응을 수용하려는 태도 • 인조 속눈썹 작업 후 주의점을 설명하는 태도

대분류	중분류	소분류	세분류	능력단위	능력단위코드
12. 숙박여행오락	01. 이·미용	01. 이·미용서비스	03. 메이크업	응용 메이크업	1201010341_16v1

능력단위요소(코드)	수행준거	지식 · 기술 · 태도
패션 이미지 메이크업 제안하기 (1201010341_16v1.01)	1.1. 패션 이미지 유형에 따라 메이크업 디자인 요소를 분석할 수 있다. 1.2. 패션 이미지 분석결과를 메이크업 일러스트로 표현할 수 있다.	[지식] • 메이크업 디자인 요소 지식 • 메이크업 이미지에 대한 지식 • 패션 이미지에 대한 지식 [기술] • 일러스트레이션 표현 기술 • 프리젠테이션 테크닉 [태도] • 메이크업 디자인 요소를 정확히 분석하려는 태도 • 패션 이미지 메이크업을 창의적으로 표현하는 자세

대분류	중분류	소분류	세분류	능력단위	능력단위코드
12. 숙박여행오락	01. 이·미용	01. 이·미용서비스	03. 메이크업	트렌드 메이크업	1201010342_16v1

능력단위요소(코드)	수행준거	지식 · 기술 · 태도
트렌드 메이크업하기 (1201010342_16v1.02)	2.1. 최신 메이크업 트렌드를 일러스트로 표현할 수 있다. 2.2. 최신 트렌드 정보를 메이크업에 적용할 수 있다.	[지식] • 최신 메이크업 트렌드 • 최신 컬러 트렌드 • 최신 패션 트렌드 [기술] • 메이크업 일러스트 표현 기술 • 최신 트렌드 메이크업 표현 기술 [태도] • 메이크업 트렌드 제안의 창의적인 사고
시대별 메이크업하기 (1201010342_16v1.03)	3.1. 시대별 사회·문화적 배경, 패션, 메이크업 스타일의 특징을 파악할 수 있다. 3.2. 시대별 메이크업 특성을 일러스트로 표현할 수 있다. 3.3. 시대별 메이크업 특성을 반영한 디자인을 실행할 수 있다.	[지식] • 시대별 메이크업 특성에 관한 지식 • 시대별 메이크업 표현 지식 [기술] • 시대별 메이크업 일러스트 표현 기술 • 시대별 메이크업 표현 기술 [태도] • 시대별 메이크업 특성을 정확하게 분석하는 태도 • 시대별 이미지 완성을 위해 최선을 다하는 태도

NCS기반 강의계획서

직무	능력단위	능력단위코드
03.메이크업	속눈썹 연출	1201010318_16v3
	응용 메이크업	1201010341_16v1
	트렌드 메이크업	1201010342_16v1

교과목명	응용 메이크업 실습서		이수구분		담당교수	
대상학과		학년-학기	학점		시수(이론/실습)	
교과목 코드		강의시간			장소	

교과목 개요	메이크업사로서 고객의 아름다움의 욕구를 충족하기 위한 메이크업 서비스로 산업현장에서 기본이 되는 응용 메이크업을 학습한다. 또한 이에 필요한 방법을 익히고 실습한다. NCS 능력단위의 수행준거를 기반으로 속눈썹 연출, 응용 메이크업, 트렌드 메이크업하기를 한다. 본 교과는 미용사(메이크업) 자격증 취득에 필요한 메이크업 현장실무 활용을 위한 교과목으로 고객 및 국내외 트렌드 등을 반영하여 산업현장에서 필요한 속눈썹 연출, 응용 메이크업, 트렌드 메이크업의 체계적인 과정에서 고객에게 적합한 현장실무에 필요한 능력을 갖춰 줄 수 있다. 본 교과는 1:1 상호실습 중심의 교과목이며 응용된 메이크업을 공부하기 위한 교과목이다.
교육 목표	개발된 다양한 메이크업 현장에서의 작업 구현을 위해 속눈썹 연출, 응용 메이크업, 트렌드 메이크업을 실행할 수 있도록 한다.

교수·학습 방법	a	b	c	d	e	f	g	h
	O	O						
	a. 이론강의 b. 실습 c. 발표 d. 토론 e. 팀프로젝트 f. 캡스톤디자인 g. 포트폴리오(학습자/교수자) h. 기타							
기자재 및 매체	거울이 포함된 작업대, 메이크업 공용의자, 의자(높이 조절이 가능한 메이크업 의자)							

교재 (NCS 학습모듈)	주교재	Applied Make-up
	부교재	
	참고 교재	

평가방법	a	b	c	d	e	f	g	h	i	j	k	l	m
							O						O
	a. 포트폴리오 b. 문제해결 시나리오 c. 서술형 시험 d. 논술형 시험 e. 사례연구 f. 평가자 질문 g. 평가자 체크리스트 h. 피평가자 체크리스트 i. 일지/저널 j. 역할연기 k. 구두발표 l. 작업장 평가 m. 기타 ※ 세부내용은 평가계획서에 기술됨												

직업기초능력 연계 정보		
영역	하위영역	수행준거
자기개발능력(04)	2. 자기관리능력	1. 자기관리 단계별 계획을 수립할 수 있다.
		2. 자신의 내면을 관리할 수 있다.
		3. 자신의 생산성을 관리할 수 있다.
		4. 합리적인 의사결정을 할 수 있다.

성적분포	A학점(A+ ~ A0) : 35% 이하, B학점 이상(A+ ~ B0) : 65% 이하
기타사항	메이크업 이미지 관련 자료, 광고 및 패션 채널 자료

관련 능력단위요소	수행준거	지식 · 기술 · 태도
인조 속눈썹 작업하기 (1201010318_16v3.02)	2.1. 인조 속눈썹 부착을 위한 제품, 도구를 사용할 수 있다. 2.2. 속눈썹과의 자연스러운 조화를 위해 수정할 수 있다.	**[지식]** • 속눈썹 제거·관리에 관한 지식 • 인조속눈썹 글루에 대한 지식 • 작업 도구에 대한 지식 **[기술]** • 고객의 눈매에 따른 인조 속눈썹 형태, 길이 선택 능력 • 고객의 눈매에 맞는 기본 연출 기술 • 인조 속눈썹 부착기술 • 인조 속눈썹 수정보완 기술 • 인조 속눈썹 제거 기술 **[태도]** • 인조 속눈썹 작업 전 고객의 요구를 반영하려는 태도 • 인조 속눈썹 작업 후 고객의 반응을 수용하려는 태도 • 인조 속눈썹 작업 후 주의점을 설명하는 태도

패션 이미지 메이크업 제안하기 (1201010341_16v1.01)	1.1. 패션 이미지 유형에 따라 메이크업 디자인 요소를 분석할 수 있다. 1.2. 패션 이미지 분석결과를 메이크업 일러스트로 표현할 수 있다.	**[지식]** • 메이크업 디자인 요소 지식 • 메이크업 이미지에 대한 지식 • 패션 이미지에 대한 지식 **[기술]** • 일러스트레이션 표현 기술 • 프리젠테이션 테크닉 **[태도]** • 메이크업 디자인 요소를 정확히 분석하려는 태도 • 패션 이미지 메이크업을 창의적으로 표현하는 자세
트렌드 메이크업하기 (1201010342_16v1.02)	2.1. 최신 메이크업 트렌드를 일러스트로 표현할 수 있다. 2.2. 최신 트렌드 정보를 메이크업에 적용할 수 있다.	**[지식]** • 최신 메이크업 트렌드 • 최신 컬러 트렌드 • 최신 패션 트렌드 **[기술]** • 메이크업 일러스트 표현 기술 • 최신 트렌드 메이크업 표현 기술 **[태도]** • 메이크업 트렌드 제안의 창의적인 사고
시대별 메이크업하기 (1201010342_16v1.03)	3.1. 시대별 사회·문화적 배경, 패션, 메이크업 스타일의 특징을 파악할 수 있다. 3.2. 시대별 메이크업 특성을 일러스트로 표현할 수 있다. 3.3. 시대별 메이크업 특성을 반영한 디자인을 실행할 수 있다.	**[지식]** • 시대별 메이크업 특성에 관한 지식 • 시대별 메이크업 표현 지식 **[기술]** • 시대별 메이크업 일러스트 표현 기술 • 시대별 메이크업 표현 기술 **[태도]** • 시대별 메이크업 특성을 정확하게 분석하는 태도 • 시대별 이미지 완성을 위해 최선을 다하는 태도

주차별 학습내용	
1주차 학습내용	
관련 능력단위요소(코드)	**수행준거**
패션 이미지 메이크업 제안하기 (1201010341_01.16v1)	1.1. 패션 이미지 유형에 따라 메이크업 디자인 요소를 분석할 수 있다.
수업내용	진단평가를 실시한다. 응용 메이크업 학습을 위한 수업목표와 개요를 설명하고, 디자인 요소와 원리를 분석하고 학습한다.
수업 활동	오리엔테이션 진단평가 강의(이론 및 실습)
수업 방법 기자재 및 매체	거울이 포함된 작업대, 메이크업 공용의자, 의자(높이조절이 가능한 의자)
2주차 학습내용	
관련 능력단위요소(코드)	**수행준거**
패션 이미지 메이크업 제안하기 (1201010341_01.16v1)	1.1. 패션 이미지 유형에 따라 메이크업 디자인 요소를 분석할 수 있다.
수업내용	패션 이미지를 다양한 매체를 통해 분석하고, 이미지 맵을 작성하여 메이크업 디자인 요소를 이미지에 따라 분석한다.
수업활동	강의(이론 및 실습)
수업 방법 기자재 및 매체	거울이 포함된 작업대, 메이크업 공용의자, 의자(높이 조절이 가능한 의자)
3주차 학습내용	
관련 능력단위요소(코드)	**수행준거**
패션 이미지 메이크업 제안하기 (1201010341_01.16v1)	1.2. 패션 이미지 분석결과를 메이크업 일러스트로 표현할 수 있다.
수업내용	패션 이미지 분석을 이미지 맵으로 완성하여 설명하고 그 결과를 일러스트로 표현하여 작업을 완성한다.
수업활동	강의(이론 및 실습)
수업 방법 기자재 및 매체	거울이 포함된 작업대, 메이크업 공용의자, 의자(높이 조절이 가능한 의자)

4주차 학습내용	
관련 능력단위요소(코드)	**수행준거**
패션 이미지 메이크업 제안하기 (1201010341_01.16v1)	1.2. 패션 이미지 분석결과를 메이크업 일러스트로 표현할 수 있다.
수업내용	패션 이미지를 이미지 스케일 이론에 따라 각각 분류하고 분석하여 일러스트로 표현한다.
수업활동	강의(이론 및 실습)
수업 방법 기자재 및 매체	거울이 포함된 작업대, 메이크업 공용의자, 의자 (높이 조절이 가능한 의자)

5주차 학습내용	
관련 능력단위요소(코드)	**수행준거**
시대별 메이크업하기 (1201010342_03.16v1)	3.1. 시대별 사회·문화적 배경, 패션, 메이크업 스타일의 특징을 파악할 수 있다.
수업내용	시대별 뷰티 트렌드를 이해하고 분석하여 사회·문화적 배경과 패션, 메이크업, 헤어, 네일의 특징을 학습한다.
수업활동	강의(이론 및 실습)
수업 방법 기자재 및 매체	거울이 포함된 작업대, 메이크업 공용의자, 의자(높이 조절이 가능한 의자)

6주차 학습내용	
관련 능력단위요소(코드)	**수행준거**
시대별 메이크업하기 (1201010342_03.16v1)	3.2. 시대별 메이크업 특성을 일러스트로 표현할 수 있다.
수업내용	시대별 메이크업의 특징을 살려 일러스트로 표현한다.
수업활동	강의(이론 및 실습)
수업 방법 기자재 및 매체	거울이 포함된 작업대, 메이크업 공용의자, 의자(높이 조절이 가능한 의자)

<table>
<tr><th colspan="3">7주차 학습내용</th></tr>
<tr><th colspan="2">관련 능력단위요소(코드)</th><th>수행준거</th></tr>
<tr><td colspan="2">시대별 메이크업하기
(1201010342_03.16v1)</td><td>3.3. 시대별 메이크업 특성을 반영한 디자인을 실행할 수 있다</td></tr>
<tr><td>수업내용</td><td colspan="2">20세기 시대별 메이크업의 특징을 표현한 메이크업 디자인을 실습하여 재현한다.</td></tr>
<tr><td>수업활동</td><td colspan="2">강의(이론 및 실습)</td></tr>
<tr><td>수업 방법 기자재 및 매체</td><td colspan="2">거울이 포함된 작업대, 메이크업 공용의자, 의자(높이 조절이 가능한 의자)</td></tr>
</table>

<table>
<tr><th colspan="3">8주차 학습내용</th></tr>
<tr><th colspan="2">관련 능력단위요소(코드)</th><th>수행준거</th></tr>
<tr><td colspan="2" rowspan="3">시대별 메이크업하기
(1201010342_03.16v1)</td><td>3.1. 시대별 사회·문화적 배경, 패션, 메이크업 스타일의 특징을 파악할 수 있다.</td></tr>
<tr><td>3.2. 시대별 메이크업 특성을 일러스트로 표현할 수 있다.</td></tr>
<tr><td>3.3. 시대별 메이크업 특성을 반영한 디자인을 실행할 수 있다.</td></tr>
<tr><td>수업내용</td><td colspan="2">시대별 뷰티 트렌드를 분석하고 특징을 파악하여 현대적으로 재해석할 수 있고, 일러스트를 통해 디자인 메이크업을 실행할 수 있는 능력을 1차 직무수행능력 평가한다.</td></tr>
<tr><td>수업활동</td><td colspan="2">직무수행능력평가</td></tr>
<tr><td>수업 방법 기자재 및 매체</td><td colspan="2">거울이 포함된 작업대, 메이크업 공용의자, 의자(높이 조절이 가능한 의자)</td></tr>
</table>

<table>
<tr><th colspan="3">9주차 학습내용</th></tr>
<tr><th colspan="2">관련 능력단위요소(코드)</th><th>수행준거</th></tr>
<tr><td colspan="2">트렌드 메이크업하기
(1201010342_02.16v1)</td><td>2.1. 최신 메이크업 트렌드를 일러스트로 표현할 수 있다.</td></tr>
<tr><td>수업내용</td><td colspan="2">최신 뷰티 트렌드를 분석하고 특징을 표현하여 일러스트로 표현한다.</td></tr>
<tr><td>수업활동</td><td colspan="2">피드백
강의(이론 및 실습)</td></tr>
<tr><td>수업 방법 기자재 및 매체</td><td colspan="2">거울이 포함된 작업대, 메이크업 공용의자, 의자(높이 조절이 가능한 의자)</td></tr>
</table>

<table>
<tr><th colspan="3">10주차 학습내용</th></tr>
<tr><th colspan="2">관련 능력단위요소(코드)</th><th>수행준거</th></tr>
<tr><td colspan="2">트렌드 메이크업하기
(1201010342_02.16v1)</td><td>2.2. 최신 트렌드 정보를 메이크업에 적용할 수 있다.</td></tr>
<tr><td>수업내용</td><td colspan="2">최신 트렌드를 분야별로 분석하고 이미지를 메이크업 트렌드로 적용한다.</td></tr>
<tr><td>수업활동</td><td colspan="2">강의(이론 및 실습)</td></tr>
<tr><td>수업 방법 기자재 및 매체</td><td colspan="2">거울이 포함된 작업대, 메이크업 공용의자, 의자(높이 조절이 가능한 의자)</td></tr>
<tr><th colspan="3">11주차 학습내용</th></tr>
<tr><th colspan="2">관련 능력단위요소(코드)</th><th>수행준거</th></tr>
<tr><td colspan="2">인조 속눈썹 작업하기
(1201010318_02.16v3)</td><td>2.1. 인조 속눈썹 부착을 위한 제품, 도구를 사용할 수 있다</td></tr>
<tr><td>수업내용</td><td colspan="2">인조 속눈썹의 부착을 위해 위생과 준비를 학습하고 사용되는 제품과 도구를 이용하여 작업할 수 있다.</td></tr>
<tr><td>수업활동</td><td colspan="2">강의(이론 및 실습)</td></tr>
<tr><td>수업 방법 기자재 및 매체</td><td colspan="2">거울이 포함된 작업대, 메이크업 공용의자, 의자(높이 조절이 가능한 의자)</td></tr>
<tr><th colspan="3">12주차 학습내용</th></tr>
<tr><th colspan="2">관련 능력단위요소(코드)</th><th>수행준거</th></tr>
<tr><td colspan="2">인조 속눈썹 작업하기
(1201010318_02.16v3)</td><td>2.2. 속눈썹과의 자연스러운 조화를 위해 수정할 수 있다.</td></tr>
<tr><td>수업내용</td><td colspan="2">인조 속눈썹과 자연 속눈썹의 조화를 위해 다양한 방법으로 수정·보완하는 학습을 진행한다.</td></tr>
<tr><td>수업활동</td><td colspan="2">강의(이론 및 실습)</td></tr>
<tr><td>수업 방법 기자재 및 매체</td><td colspan="2">거울이 포함된 작업대, 메이크업 공용의자, 의자(높이 조절이 가능한 의자)</td></tr>
</table>

<table>
<tr><th colspan="3">13주차 학습내용</th></tr>
<tr><th colspan="2">관련 능력단위요소(코드)</th><th>수행준거</th></tr>
<tr><td colspan="2" rowspan="2">인조 속눈썹 작업하기
(1201010318_02.16v3)</td><td>2.1. 인조 속눈썹 부착을 위한 제품, 도구를 사용할 수 있다.</td></tr>
<tr><td>2.2. 속눈썹과의 자연스러운 조화를 위해 수정할 수 있다.</td></tr>
<tr><td colspan="2" rowspan="2">시대별 메이크업하기
(1201010342_03.16v1)</td><td>3.2. 시대별 메이크업 특성을 일러스트로 표현할 수 있다.</td></tr>
<tr><td>3.3. 시대별 메이크업 특성을 반영한 디자인을 실행할 수 있다.</td></tr>
<tr><th>수업내용</th><td colspan="2">시대별 메이크업의 특성을 일러스트로 표현하여 메이크업을 실행하고 속눈썹 재료와 도구를 사용하여 인조 속눈썹과 자연 속눈썹을 조화롭게 부착할 수 있는가를 2차 직무수행능력 평가한다.</td></tr>
<tr><th>수업활동</th><td colspan="2">직무수행능력평가</td></tr>
<tr><th>수업 방법/기자재 및 매체</th><td colspan="2">거울이 포함된 작업대, 메이크업 공용의자, 의자(높이 조절이 가능한 의자)</td></tr>
<tr><th colspan="3">14주차 학습내용</th></tr>
<tr><th colspan="2">관련 능력단위요소(코드)</th><th>수행준거</th></tr>
<tr><td colspan="2">인조 속눈썹 작업하기
(1201010318_02.16v3)</td><td>2.2. 속눈썹과의 자연스러운 조화를 위해 수정할 수 있다.</td></tr>
<tr><th>수업내용</th><td colspan="2">인조 속눈썹과 자연 속눈썹의 조화를 학습하고 수정 보완할 수 있도록 실습한다.</td></tr>
<tr><th rowspan="2">수업활동</th><td colspan="2">피드백</td></tr>
<tr><td colspan="2">강의(이론 및 실습)</td></tr>
<tr><th>수업 방법/기자재 및 매체</th><td colspan="2">거울이 포함된 작업대, 메이크업 공용의자, 의자(높이 조절이 가능한 의자)</td></tr>
<tr><th colspan="3">15주차 학습내용</th></tr>
<tr><th>수업활동</th><td colspan="2">보강</td></tr>
</table>

<table>
<tr><th colspan="3">16주차 학습내용</th></tr>
<tr><th colspan="2">관련 능력단위요소(코드)</th><th>수행준거</th></tr>
<tr><td colspan="2">트렌드 메이크업하기
(1201010342_02.16v1)</td><td>2.2. 최신 트렌드 정보를 메이크업에 적용할 수 있다.</td></tr>
<tr><td colspan="2" rowspan="2">시대별 메이크업하기
(1201010342_03.16v1)</td><td>3.1. 시대별 사회·문화적 배경, 패션, 메이크업 스타일의 특징을 파악할 수 있다.</td></tr>
<tr><td>3.3. 시대별 메이크업 특성을 반영한 디자인을 실행할 수 있다</td></tr>
<tr><td>수업내용</td><td colspan="2">진단평가를 실시한다.
최신 트렌드 정보를 메이크업에 재현할 수 있도록 하고 시대별 메이크업 특성을 반영하여 메이크업 디자인을 완성할 수 있는가를 3차 직무능력 평가한다.</td></tr>
<tr><td>수업활동</td><td colspan="2">진단평가
직무수행능력평가
피드백</td></tr>
<tr><td>수업 방법/기자재 및 매체</td><td colspan="2">거울이 포함된 작업대, 메이크업 공용의자, 의자(높이 조절이 가능한 의자)</td></tr>
<tr><td colspan="3">※비정규과정 : 심화 평가/향상 평가(재평가) 및 외부산업체 인사(현장전문가) 특강</td></tr>
</table>

실험 · 실습계획서

교과목명	응용 메이크업 실습서	이수구분		학 점	
대상학과		대상학년		시 수 (이론/실습시간)	

주	실험 · 실습 내용	사용기자재 및 물품	소모품 및 수량
1	진단평가를 실시한다. 응용 메이크업 학습을 위한 수업목표와 개요를 설명하고, 디자인 요소와 원리를 학습한다.	거울이 포함된 작업대, 메이크업 공용의자, 의자(높이 조절이 가능한 의자)	실습 가능한 메이크업 제품 일체, 필기도구
2	패션 이미지를 다양한 매체를 통해 분석하고, 이미지 맵을 작성하여 메이크업 디자인 요소를 이미지에 따라 분석한다.		
3	패션 이미지 분석을 이미지 맵으로 완성하여 설명하고 그 결과를 일러스트로 표현하여 작업을 완성한다.		
4	패션 이미지를 이미지 스케일 이론에 따라 각각 분류하고 분석하여 일러스트로 표현한다.		
5	시대별 뷰티 트렌드를 이해하고 분석하여 사회·문화적 배경과 패션, 메이크업, 헤어, 네일의 특징을 학습한다.		
6	시대별 메이크업의 특징을 살려 일러스트로 표현한다.		
7	20세기 시대별 메이크업의 특징을 표현한 메이크업 디자인을 실습하여 재현한다.		

주	실험·실습 내용	사용기자재 및 물품	소모품 및 수량
8	시대별 뷰티 트렌드를 분석하고 특징을 파악하여 현대적으로 재해석할 수 있도록 일러스트를 통해 확인하고 디자인 메이크업을 실행할 수 있는 능력을 1차 직무수행능력 평가한다.	거울이 포함된 작업대, 메이크업 공용의자, 의자(높이 조절이 가능한 의자)	실습 가능한 메이크업 제품 일체, 필기도구
9	최신 뷰티 트렌드를 분석하고 특징을 표현하여 일러스트로 표현한다.		
10	최신 트렌드를 분야별로 분석하고 이미지를 메이크업 트렌드로 적용한다.		
11	인조 속눈썹의 부착을 위해 위생과 준비를 학습하고 사용되는 제품과 도구를 이용하여 작업할 수 있다.		
12	인조 속눈썹과 자연 속눈썹의 조화를 위해 다양한 방법으로 수정·보완하는 학습을 진행한다.		
13	시대별 메이크업의 특성을 일러스트로 표현하여 메이크업을 실행하고, 속눈썹 재료와 도구를 사용하여 인조 속눈썹과 자연 속눈썹을 조화롭게 부착할 수 있는가를 2차 직무수행능력 평가한다.		
14	인조 속눈썹과 자연 속눈썹과의 조화를 학습하고 수정·보완할 수 있도록 실습한다.		
15	보강주		
16	진단 평가를 실시한다. 최신 트렌드 정보를 메이크업에 재현할 수 있도록 하고, 시대별 메이크업 특성을 반영하여 메이크업 디자인을 완성할 수 있는가를 3차 직무능력 평가한다.	거울이 포함된 작업대, 메이크업 공용의자, 의자(높이 조절이 가능한 의자)	실습 가능한 메이크업 제품 일체, 필기도구

NCS기반 평가계획서

<table>
<tr><td>교과목명</td><td>응용메이크업 실습서</td><td colspan="2">담당교수</td><td></td></tr>
<tr><td rowspan="3">관련 직무명</td><td rowspan="3">03. 메이크업</td><td colspan="2" rowspan="3">능력단위명
(능력단위코드)</td><td>속눈썹 연출
(1201010318_16v3)</td></tr>
<tr><td>응용 메이크업
(1201010341_16v1)</td></tr>
<tr><td>트렌드 메이크업
(1201010342_16v1)</td></tr>
<tr><td rowspan="7">평가개요</td><td>구분</td><td>배점</td><td colspan="2">평가 개요</td></tr>
<tr><td>진단평가 1</td><td>-</td><td colspan="2">응용 메이크업의 학습 내용 수행과 현장에서의 작업능력을 충족하기 위한 작업 실행 능력을 알아 볼 수 있도록 한다.</td></tr>
<tr><td>진단평가 2</td><td>-</td><td colspan="2">응용 메이크업에 관한 업무를 수행하는 데 학습한 지식의 수준을 파악하기 위해 수업 후에 평가 전공 능력의 성취수준을 파악한다.</td></tr>
<tr><td>출석평가</td><td>20%</td><td colspan="2">성실하게 출석하였는지를 평가한다.</td></tr>
<tr><td>직무수행능력평가 1</td><td>30%</td><td colspan="2">응용 메이크업에 따른 시대별 뷰티 스타일을 파악하고, 메이크업 특징에 적합한 디자인을 실행하여 메이크업을 하였는지를 평가한다.</td></tr>
<tr><td>직무수행능력평가 2</td><td>20%</td><td colspan="2">응용 메이크업에 따른 인조 속눈썹 작업하기, 시대별 메이크업하기의 작업을 평가한다.</td></tr>
<tr><td>직무수행능력평가 3</td><td>30%</td><td colspan="2">응용 메이크업을 수행하기 위한 트렌드 메이크업과 시대별 메이크업을 특징에 적합하게 실행하였는지를 평가한다.</td></tr>
</table>

<table>
<tr><th>평가항목</th><th colspan="5">평가내용 및 방법</th></tr>
<tr><td rowspan="15">진단평가 1</td><td colspan="5">평가내용 : 응용 메이크업에 관한 업무를 수행하는 데 요구되는 자신의 능력 수준을 스스로 알아볼 수 있는 체크리스트
평가시기 : 1주차</td></tr>
<tr><td colspan="5">영역별 평가내용</td></tr>
<tr><td rowspan="2">영역
(능력단위요소)</td><td rowspan="2">진단문항</td><td colspan="3">자가진단</td></tr>
<tr><td>높음</td><td>보통</td><td>낮음</td></tr>
<tr><td rowspan="2">인조 속눈썹
작업하기</td><td>2.1. 인조 속눈썹 부착을 위한 제품, 도구를 사용할 수 있다.</td><td></td><td></td><td></td></tr>
<tr><td>2.2. 속눈썹과의 자연스러운 조화를 위해 수정할 수 있다.</td><td></td><td></td><td></td></tr>
<tr><td rowspan="2">패션 이미지
메이크업
제안하기</td><td>1.1. 패션 이미지 유형에 따라 메이크업 디자인 요소를 분석할 수 있다.</td><td></td><td></td><td></td></tr>
<tr><td>1.2. 패션 이미지 분석결과를 메이크업 일러스트로 표현할 수 있다.</td><td></td><td></td><td></td></tr>
<tr><td rowspan="2">트렌드
메이크업하기</td><td>2.1. 최신 메이크업 트렌드를 일러스트로 표현할 수 있다.</td><td></td><td></td><td></td></tr>
<tr><td>2.2. 최신 트렌드 정보를 메이크업에 적용할 수 있다.</td><td></td><td></td><td></td></tr>
<tr><td rowspan="3">시대별
메이크업하기</td><td>3.1. 시대별 사회·문화적 배경, 패션, 메이크업 스타일의 특징을 파악할 수 있다.</td><td></td><td></td><td></td></tr>
<tr><td>3.2. 시대별 메이크업 특성을 일러스트로 표현할 수 있다.</td><td></td><td></td><td></td></tr>
<tr><td>3.3. 시대별 메이크업 특성을 반영한 디자인을 실행할 수 있다.</td><td></td><td></td><td></td></tr>
<tr><td colspan="5">평가방법 : 자가진단 체크리스트
평가 시 고려사항 : 학습자가 수업 전에 하는 평가로 직무를 수행하기 위하여 수행준거를 얼마나 인지하고 있는지를 평가한다.
평가 결과 활용 계획 : 응용 메이크업의 수행준거에 있는 내용과 관련지식</td></tr>
<tr><td colspan="5"></td></tr>
<tr><td>진단평가 2</td><td colspan="5">평가내용 : 응용 메이크업을 수행하는 데 요구되는 능력수준의 성취도를 스스로 알아본다.
평가시기 : 16주차
평가방법 : 자가진단 체크리스트
평가 시 고려사항 : 학습자가 수업 후에 하는 평가로 직무를 수행하기 위하여 수행준거에 대한 학습성과를 평가한다.
평가 결과 활용 계획 : 응용 메이크업의 수행준거에 있는 내용과 관련지식</td></tr>
</table>

<table>
<tr><td>출석평가</td><td colspan="3">성실하게 출석하여 수업에 적극적으로 참여하였는지를 평가한다.</td></tr>
<tr><td rowspan="10">직무능력평가 1</td><td colspan="3">평가내용 : 시대별 메이크업의 특징을 파악하여 일러스트로 작성하고 특징에 적합한 메이크업 디자인을 완성하였는지를 평가한다.
평가시기 : 8주차</td></tr>
<tr><td colspan="3">영역별 평가내용</td></tr>
<tr><td colspan="3">능력단위요소 및 수행준거</td></tr>
<tr><td colspan="2">시대별 메이크업하기</td><td>30</td></tr>
<tr><td rowspan="3">수행
준거</td><td>3.1. 시대별 사회·문화적 배경, 패션, 메이크업 스타일의 특징을 파악할 수 있다</td><td>10.0</td></tr>
<tr><td>3.2. 시대별 메이크업 특성을 일러스트로 표현할 수 있다.</td><td>10.0</td></tr>
<tr><td>3.3. 시대별 메이크업 특성을 반영한 디자인을 실행할 수 있다.</td><td>10.0</td></tr>
<tr><td colspan="2">계</td><td>30</td></tr>
<tr><td colspan="3">평가방법 : 평가자 체크리스트
평가 시 고려사항 : 학습자가 시대별 메이크업의 특징을 파악하여 일러스트로 작성하고 특징에 적합한 메이크업 디자인을 실행하였는지를 평가한다.</td></tr>
<tr><td colspan="3"></td></tr>
<tr><td rowspan="11">직무능력평가 2</td><td colspan="3">평가내용 : 응용 메이크업을 위한 인조 속눈썹을 제품과 도구를 사용하여 올바르게 부착하였는가와 시대별 메이크업 특징을 살린 일러스트와 디자인 실행을 평가한다.
평가시기 : 13주차</td></tr>
<tr><td colspan="3">영역별 평가내용</td></tr>
<tr><td colspan="3">능력단위요소 및 수행준거</td></tr>
<tr><td colspan="2">인조속눈썹 작업하기</td><td>10</td></tr>
<tr><td rowspan="2">수행
준거</td><td>2.1. 인조 속눈썹 부착을 위한 제품, 도구를 사용할 수 있다.</td><td>5.0</td></tr>
<tr><td>2.2. 속눈썹과의 자연스러운 조화를 위해 수정할 수 있다.</td><td>5.0</td></tr>
<tr><td colspan="2">시대별 메이크업하기</td><td>10.0</td></tr>
<tr><td rowspan="2">수행
준거</td><td>3.2. 시대별 메이크업 특성을 일러스트로 표현할 수 있다.</td><td>5.0</td></tr>
<tr><td>3.3. 시대별 메이크업 특성을 반영한 디자인을 실행할 수 있다.</td><td>5.0</td></tr>
<tr><td colspan="2">계</td><td>20</td></tr>
</table>

<table>
<tr><td></td><td colspan="3">평가방법 : 기타

평가 시 고려사항 : 응용 메이크업 실행을 위해 인조 속눈썹을 제품과 도구를 사용하여 올바르게 부착하였는가와 시대별 메이크업 특징을 살린 일러스트와 디자인 실행이 적합한가를 평가한다.</td></tr>
<tr><td rowspan="10">직무능력평가 3</td><td colspan="3">평가내용 : 최신 트렌드를 분석하고 시대별로 뷰티 트렌드를 분석하여 스타일을 파악하고 메이크업에 적용하여 작업하였는지를 평가한다.

평가시기 : 16 주차</td></tr>
<tr><td colspan="3">영역별 평가내용</td></tr>
<tr><td colspan="3">능력단위요소 및 수행준거</td></tr>
<tr><td colspan="2">트렌드 메이크업하기</td><td>10</td></tr>
<tr><td>수행준거</td><td>2.2. 최신 트렌드 정보를 메이크업에 적용할 수 있다.</td><td>10.0</td></tr>
<tr><td colspan="2">시대별 메이크업하기</td><td>20</td></tr>
<tr><td rowspan="2">수행준거</td><td>3.1. 시대별 사회·문화적 배경, 패션, 메이크업 스타일의 특징을 파악할 수 있다.</td><td>10.0</td></tr>
<tr><td>3.3. 시대별 메이크업 특성을 반영한 디자인을 실행할 수 있다.</td><td>10.0</td></tr>
<tr><td colspan="2">계</td><td>30</td></tr>
<tr><td colspan="3">평가방법 : 평가자 체크리스트

평가 시 고려사항 : 학습자가 응용 메이크업을 실행하기 위한 최신 트렌드 분석과 시대별 뷰티 트렌드 분석을 실행하고 스타일을 파악하여 메이크업을 완성하였는지 평가한다.</td></tr>
<tr><td>향상/심화계획</td><td colspan="3">점수가 미달되는 학습자에게 향상교육을 실시하여 학습수준의 필요한 부분을 보강하고 상위학습자에게 심화단계의 학습을 실시한다.</td></tr>
</table>

응용 메이크업

CHAPTER 01 인조 속눈썹 작업하기(1201010318_16v3.2)

인모 한 올에 가모를 한 올씩 올려 붙여 속눈썹의 길이를 길게 늘임으로써 눈매가 또렷하고 크게 보일 수 있도록 하는 역할을 한다.
가모의 종류, 굵기, 길이, 컬러 등이 다양하므로 고객의 속눈썹 상태와 요구를 신중하게 고려하여 시술하여야 한다.

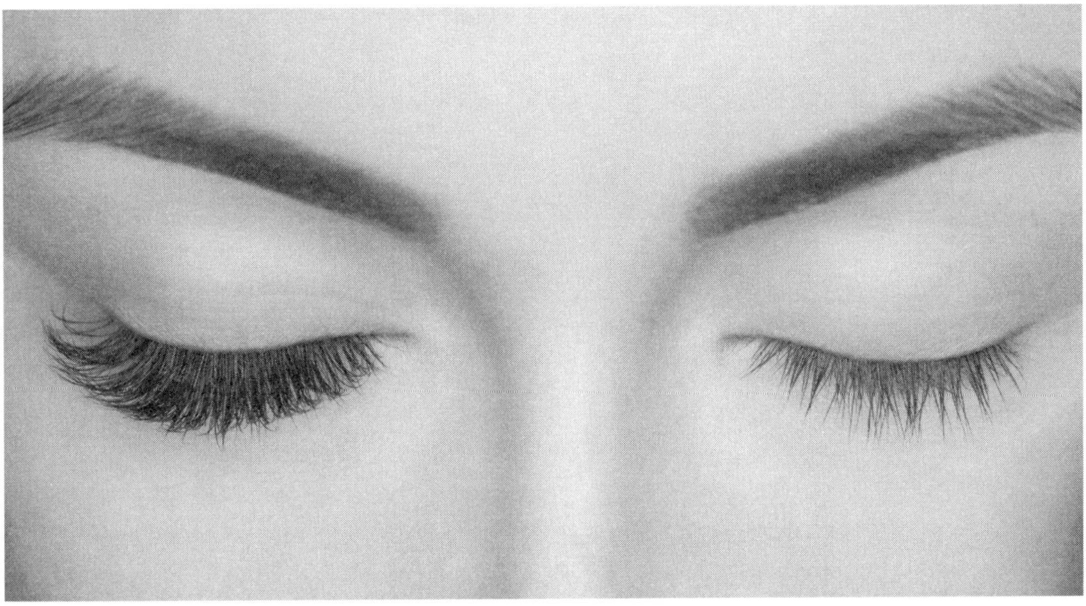

[시술 도구]

1. 마네킹
2. 속눈썹 판
3. 5가지 길이의 속눈썹(8,9,10,11,12mm), 두께 0.15~0.2mm의 J컬 타입 싱글모
4. 인조 속눈썹(5~6mm)
5. 속눈썹 전처리제
6. 속눈썹 브러시
7. 속눈썹 리무버
8. 속눈썹 글루
9. 글루 판
10. 아이패치
11. 우드 스파출라
12. 마이크로 면봉
13. 면봉
14. 화장솜
15. 소독제
16. 눈썹 가위
17. 핀셋(일자 핀셋, 곡자 핀셋)

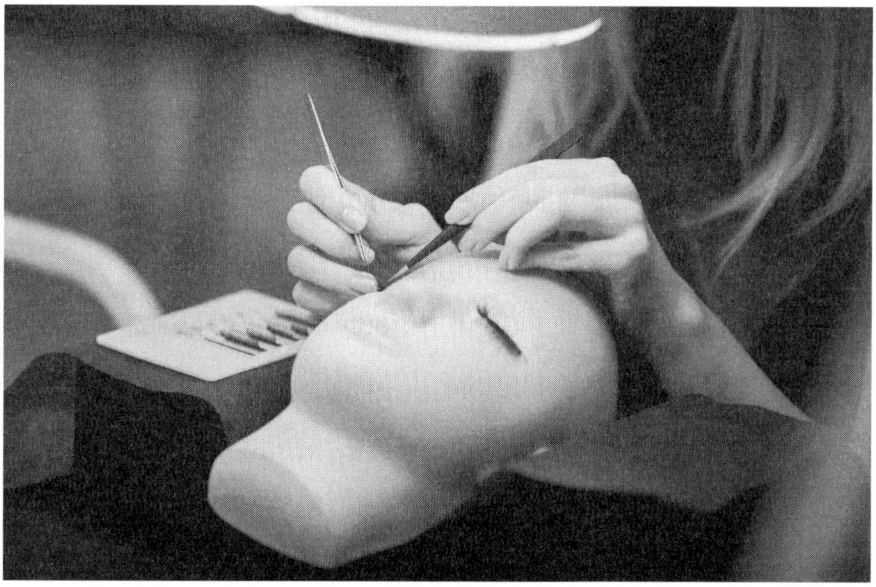

시험 시작 전 마네킹 준비상태	완성상태(왼쪽)
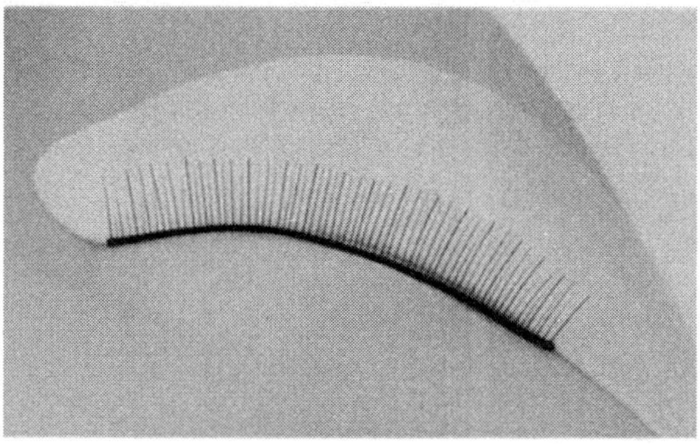	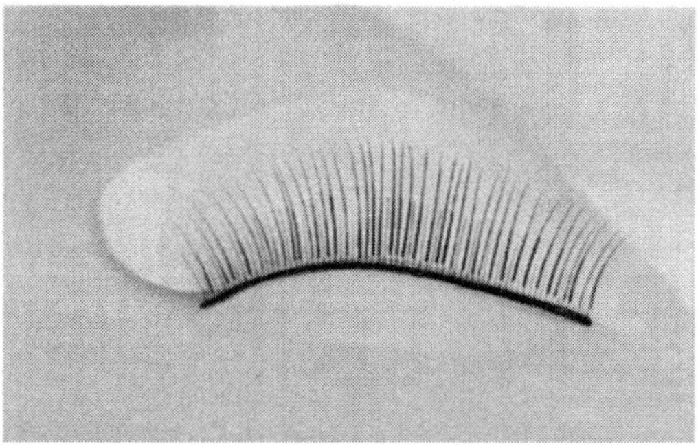

시험 시작 전 마네킹 준비상태	완성상태(왼쪽)
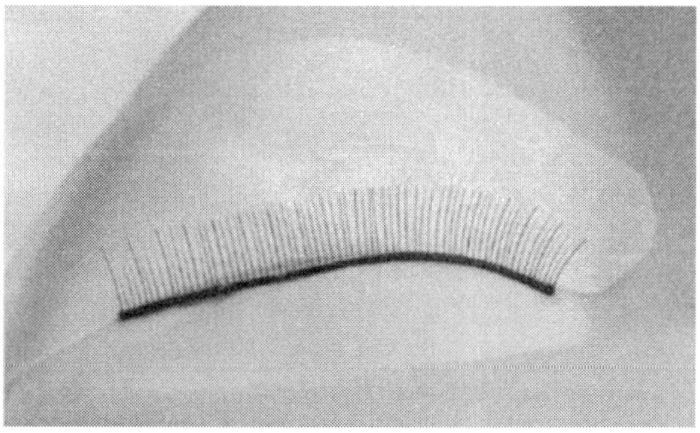	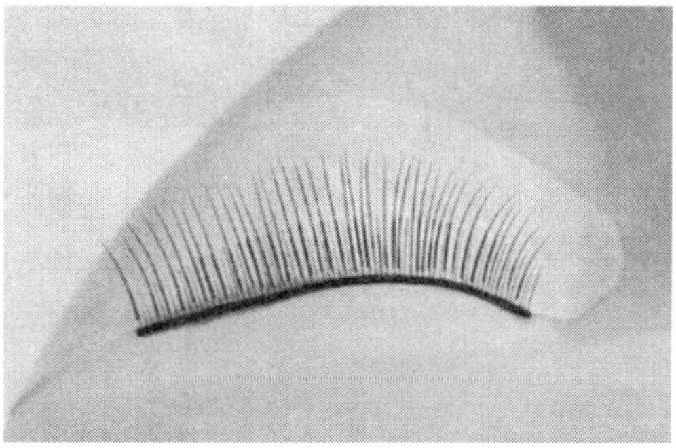

◎ 연장하는 속눈썹은 5가지 길이(8, 9, 10, 11, 12mm), 두께 0.15~0.2mm의 J컬 타입 싱글모를 사용한다.

◎ 5~6mm의 인조 속눈썹이 부착된 마네킹을 준비한다.
재료와 도구를 준비하고 손과 도구류, 마네킹의 작업부위를 소독한다.
아이패치를 부착한다.
일회용 도구를 사용하여 전처리제를 도포한다.

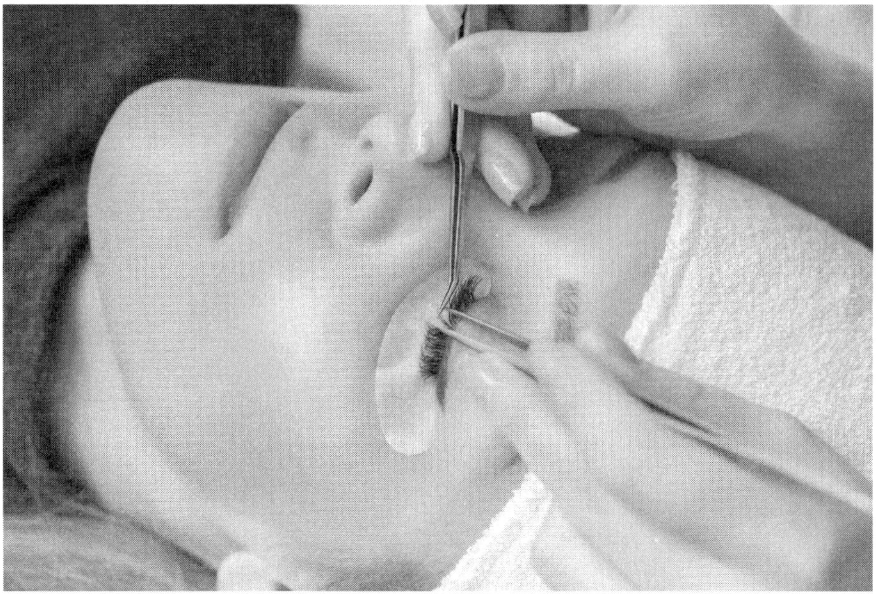

◎ 마네킹에 부착된 속눈썹 한 개당 하나의 속눈썹만 연장한다.
모근에서 1~1.5mm를 떨어뜨려 부착한다.
한쪽 인조 속눈썹에 최소 40가닥 이상의 속눈썹을 연장한다.
(눈 앞머리 부분의 속눈썹 2~3가닥은 연장하지 않도록 주의한다.)

◎ 전체적으로 중앙이 길어 보이는 라운드형(부채꼴 디자인)으로 속눈썹 익스텐션을 완성한다.

CHAPTER 02 패션 이미지 메이크업 제안하기(1201010341_16v1.1)

1. 로맨틱 이미지 메이크업

로맨틱은 '여성스러운', '낭만적인', '사랑스러운' 등의 의미를 가진다. 부드럽고 귀여운 소녀의 감성을 표현한 분위기를 연출한다. 더 나아가 낭만적이고 환상적 이미지를 표현해야 하며 청순한 느낌을 강조하기도 한다.

1) 패션 & 컬러

플라워 프린트나 레이스, 프릴, 셔링, 리본 등이 먼저 떠오르게 되는 로맨틱 이미지 스타일은 장식적인 디테일을 많이 사용하고, 소녀같은 귀엽고 사랑스러운 이미지를 표현하기 위해 소재 역시 부드럽고 가벼운 비치는 듯한 원단을 많이 사용한다. 부드럽고 유연한 느낌의 표현을 위해 곡선 스타일의 원피스나 블라우스, 스커트 등이 선호된다.
로맨틱 이미지의 컬러는 원색보다는 부드럽고 은은한 파스텔 계열이나 화이트가 주를 이루고 페일 톤과 브라이트, 라이트 톤으로 배색하여 부드러운 로맨틱 이미지를 표현한다.

2) 헤어 스타일

볼륨과 웨이브가 있는 자연스럽고 사랑스러운 느낌의 부드러운 스타일을 추구한다.
굵은 웨이브와 땋은 헤어 스타일 등으로 소녀같은 청순한 이미지를 표현한다.

3) 메이크업 스타일

사랑스럽고 화사한 소녀 느낌의 이미지를 표현하는 핑크 컬러를 주조색으로 사용하고, 펄이나 글로스를 이용한 부드러운 곡선의 터치법으로 발그스레한 소녀의 이미지 메이크업을 연출한다.

① 베이스 메이크업

- 메이크업 재료와 도구를 준비하고 손과 도구류를 소독한다.
- 모델의 피부 톤에 적합한 메이크업 베이스를 선택하여 얇게 바른다.
- 핑크 톤이나 피치 톤의 파운데이션을 선택하여 자연스럽고 투명한 느낌의 피부를 표현한다.
- 동일한 톤의 파우더를 사용하여 화사하고 가볍게 마무리하며 브러시를 사용하여 펄 파우더로 하이라이트를 해주어 화사함을 더해 준다.

② 아이브로우 메이크업

- 눈썹은 브라운 컬러를 사용하여 최대한 자연스럽게 본래의 눈썹 모양에 맞추어 표현한다.
- 눈썹산을 각이지지 않도록 부드럽고 어려보이게 표현하며, 투명 아이브로우 마스카라를 사용하여 더욱 자연스럽게 눈썹결을 살려준다.

③ 아이 메이크업

- 아이 섀도는 핑크, 옐로우, 피치, 코랄 오렌지 등 파스텔 계열의 컬러를 사용하여 환상적이면서 몽환적인 꿈꾸는 소녀의 이미지를 표현한다.
- 진한 핑크 컬러나 퍼플 등의 포인트 컬러로 색을 더해 줄 수 있으나 부드러운 느낌의 표현을 하도록 한다. 다양한 펄감을 연출하여 환상적인 이미지를 연출하고, 화이트 펄을 사용하여 하이라이트를 준다.
- 자연스러운 브라운 아이라이너로 눈매를 보완하고, 속눈썹을 컬링한 후 마스카라를 사용하여 마무리한다.

④ 치크 메이크업

- 귀엽고 사랑스러우며, 어려 보이는 느낌을 표현하기 위해 크림이나 파우더 타입의 피치, 핑크 컬러로 광대뼈 윗부분과 애플존 부위에 소녀같은 느낌으로 발그스레하게 표현한다.

⑤ 립 메이크업

- 촉촉한 입술 표현에 중점을 두어 글로스나 자연스러운 펄이 포함된 립 제품을 사용한다.
- 부드러운 핑크나 피치, 코랄 컬러의 립스틱으로 글로시하게 표현한다.

2. 클래식 이미지 메이크업

클래식은 유행에 크게 영향을 받지 않는 보수적이고 전통적인 스타일을 말하며 세대를 초월한 가치와 보편성을 갖는 고전적인 스타일을 추구하여 품위와 격조를 지향한다.
전체적인 느낌이 안정적이고 품위가 있으며 차분하고 조화로운 이미지로 귀족적이고 지적인 스타일의 이미지를 표현한다.

1) 패션 & 컬러

클래식의 스타일은 오랫동안 이어온 전통적인 스타일의 테일러드 슈트나 카디건 슈트, 샤넬 슈트 등의 단정한 스타일을 말한다.
차분하고 안정감 있는 무채색이나 브라운 베이지, 와인, 골드, 그린 컬러 등의 다크 톤이나 딥 톤 등을 주조색으로 사용하고 있다.

2) 헤어 스타일

지적인 느낌으로 심플하게 스타일링하며 웨이브 없이 볼륨감을 준 스타일이나 포니테일형, 깔끔한 단발머리, 시뇽 스타일의 단아한 묶은 머리 등의 클래식 스타일에 어울린다.

3) 메이크업 스타일

차분하고 깔끔한 정돈된 스타일을 전통적인 분위기로 연출하는 것이 메이크업 포인트이다.

① 베이스 메이크업

- 메이크업 재료와 도구를 준비하고, 손과 도구류를 소독한다.
- 모델의 피부 톤에 적합한 메이크업 베이스를 선택하여 얇게 바른다.
- 차분한 베이지 계열의 파운데이션을 선택하여 깨끗한 피부를 표현한다.
- 입체감 있는 안정된 피부 표현을 위해 하이라이트와 섀딩 파운데이션을 사용하여 컨투어링 한다.
- 파우더를 사용하여 자연스럽게 마무리한다.

② 아이브로우 메이크업

- 브라운 컬러나 그레이 컬러를 사용하여 눈썹산을 약간 각이 지도록 하며 선을 자연스럽게 강조하여 깔끔하게 그려 준다.

③ 아이 메이크업

- 아이 섀도는 아이보리나 베이지 컬러로 눈두덩이에 자연스럽게 그라데이션하여 펴 바른다.
- 골드, 브라운 계열, 와인, 카키, 오렌지 컬러로 깊이감 있는 눈매를 표현한다.
- 아이라이너를 사용하여 속눈썹 사이를 그리고, 속눈썹을 컬링하고, 마스카라를 사용하여 깨끗하면서도 자연스러운 눈매를 표현한다.

④ 치크 메이크업

- 부드러운 코랄 컬러를 사용하여 광대를 감싸면서 입꼬리를 향해 자연스럽게 블렌딩한다.

⑤ 립 메이크업

- 브라운이나 오렌지, 피치 베이지, 혹은 와인 계열의 세미매트 질감의 립스틱으로 지적인 느낌을 표현하여 마무리한다.

3. 엘레강스 이미지 메이크업

엘레강스는 우아한 아름다움을 품위 있고 고급스럽게 표현하는 이미지를 말한다.
페미닌하면서도 기품 있는 차분한 느낌을 은은하고 부드럽게 표현하여 엘레강스 이미지를 연출하도록 한다.
고상하면서도 세련된 분위기의 성숙한 아름다움을 표현한다.

1) 패션 & 컬러

곡선적인 실루엣의 드레스나 인체미를 살린 고상한 스타일링이 주를 이룬다.
둥근 어깨 라인의 롱 드레스나 루스핏의 드레스, 레이스나 프릴 블라우스 등의 여성스러움을 강조한 의상들이 있다.
페일 톤의 채도가 낮은 핑크나 와인, 퍼플 컬러나 파스텔 계열, 레드나 그레이 컬러 등의 성숙하고 우아한 컬러들을 주조색으로 사용하여 스타일링한다.
광택이 있는 소재를 패션에 주로 활용하여 고상한 세련미를 표현한다.

2) 헤어 스타일

고상하고 우아한 굵은 웨이브의 롱 헤어 스타일과 가볍고 느슨하게 묶어 주는 스타일이 선호되고, 자연스럽게 볼륨감을 살린 업스타일의 헤어 스타일이 잘 어울린다.

3) 메이크업 스타일

메이크업은 차분하면서도 우아하고 품위 있는 아름다움을 표현하도록 한다.
은은하고 부드러운 컬러들을 사용하여 자연스러운 선의 느낌으로 메이크업한다.
따뜻한 느낌의 여성스럽고 엘레강스한 이미지를 표현하여 전체적인 스타일링에 어울리게 메이크업을 디자인하도록 한다.

① 베이스 메이크업

- 메이크업 재료와 도구를 준비하고 손과 도구류를 소독한다.
- 피부 톤에 적합한 메이크업 베이스를 선택하여 바른다.
- 한 톤 밝은 파운데이션을 선택하여 바르고 컨실러을 사용하여 눈 밑 다크서클이나 잡티를 커버하여 깨끗한 피부를 표현한다.
- 지나친 입체감의 표현은 딱딱한 이미지로 보일 수 있기 때문에 피하는 것이 좋고, 자연스러운 컨투어링으로 안정된 피부 톤을 표현한다.
- 파우더를 사용하여 매트한 질감으로 밝고 화사하게 표현한다.

② 아이브로우 메이크업

- 브라운 컬러나 그레이 브라운 컬러를 이용하여 부드러운 곡선의 형태로 자연스럽게 표현한다. 지나치게 두꺼운 눈썹보다는 자연스러운 눈썹의 두께로 조금 길게 그려주는 것이 좋다.

③ 아이 메이크업

- 아이 섀도는 자연스러운 파스텔 계열의 컬러로 눈두덩이 전체에 베이스 표현을 해주고 인디언 핑크, 퍼플, 와인, 더스티 로즈, 그레이, 브라운 계열로 포인트를 주어 그윽하고 깊이감 있는 눈매를 표현한다.

- 아이라이너는 점막 부분을 꼼꼼히 채워주고 눈꼬리를 빼주는 느낌으로 표현한다.
- 자연 속눈썹을 컬링한 후 마스카라로 풍성한 속눈썹을 표현하여 마무리한다.

④ 치크 메이크업

- 핑크나 퍼플 계열의 컬러를 사용하여 광대뼈를 중심으로 자연스럽고 부드럽게 펴 바른다.

⑤ 립 메이크업

- 핑크 계열의 컬러나 퍼플, 와인, 브라운 컬러를 사용하여 부드러운 곡선 형태의 립 모양으로 세련되고 차분한 여성스러움을 연출한다.

4. 매니시 이미지 메이크업

남성적인 스타일로 활동적이고 독립적인 당당한 여성의 이미지를 말한다.
남녀평등의 의미를 포함하고 있으며, 남성적이면서도 세련되고 트렌디한 이미지를 부각시킬 수 있는 스타일을 표현해 주는 것이 중요하다.

1) 패션 & 컬러

남성적인 패션이미지의 의미로 앤드로지너스, 젠더리스, 유니섹스 스타일을 포함한다.
밀리터리 스타일이나 댄디, 마린 등의 스타일을 응용하여 직선적이고 활동적인 느낌을 표현하고 있다. 매니시 스타일은 로맨틱이미지와 상반된 분위기로 남성적인 이미지를 표현하기 위해 블랙과 그레이 등의 무채색이나 블루, 그린, 청회색 계열로 세련되고 안정된 느낌을 주도록 그레이시 톤이나 딥 톤을 사용한다.
디자인은 테일러드 슈트나 각진 오버사이즈 재킷, 셔츠블라우스 스타일에 심플한 바지를 매치하는 스타일 등을 선호한다.

2) 헤어 스타일

헤어 스타일은 남성적인 이미지를 기본으로 짧은 커트 스타일이나 심플한 단발머리 스타일이 주를 이루고 있다. 직모 헤어의 세미 롱 스타일로 세련되게 표현할 수 있으나 웨이브 헤어나 화려한 컬러, 장식이 있는 헤어스타일은 피하는 것이 좋다.

3) 메이크업 스타일

매니시 스타일의 메이크업은 카리스마가 느껴지는 활동적인 커리어우먼의 세련된 이미지를 표현할 수 있는 메이크업으로 스타일링하는 것이 중요하다.
화려한 색조나 광택감보다는 심플하면서도 선이 굵은 모던한 메이크업이 어울린다.

① 베이스 메이크업

- 메이크업 재료와 도구를 준비하고 손과 도구류를 소독한다.
- 피부 톤에 적합한 메이크업 베이스를 선택하여 바른다.
- 한 톤 어두운 파운데이션을 선택하여 바르고, 자연스러운 컨투어링을 통해 윤곽을 돋보이게 해 준다.
- 옐로우 기가 있는 파우더를 사용하여 매트한 피부 표현을 완성한다.

② 아이브로우 메이크업

- 남성스러운 이미지를 표현하기 위해 블랙그레이 컬러나 다크브라운 컬러를 사용하여 약간

진하고 두껍게 표현해 주며 눈썹산을 강조한다.
- 아이브로우 마스카라를 사용하여 눈썹결을 살려주어 보이브로우 이미지로 마무리한다.

③ 아이 메이크업

- 색조 메이크업을 최소화하여 심플하게 표현해야 하므로 내추럴 브라운 계열의 색상으로 음영 베이스를 해주고 블랙, 그레이, 카키, 다크 브라운 컬러의 아이라이너와 마스카라를 이용해 또렷한 눈매를 표현한다.

④ 치크 메이크업

- 브라운 계열의 블러셔를 선택하여 선이 강조된 윤곽을 표현한다.

⑤ 립 메이크업

- 베이지 톤의 립스틱으로 자연스러운 입술 컬러를 표현하거나 트렌드 콘셉트에 따라 버건디 계열의 짙은 컬러를 사용하기도 한다. 또한 글로시하지 않도록 매트 립으로 마무리한다.

5. 스포티브 이미지 메이크업

최근 건강과 레저스포츠에 대한 관심이 증가함에 따라 대중화된 등산, 골프, 스키, 테니스 등의 스포츠 활동이 중요시되고 있으며, 이에 경쾌하고 활동적인 밝고 생동감 있는 감성을 표현하는 스포티브 이미지가 뷰티 트렌드로 부각되고 있다.
스포츠를 즐기는 밝고 건강하고, 활동적이며 즐거운 이미지를 표현해 주는 것이 중요하다.

1) 패션 & 컬러

패션에서는 편안하고 활동적인 스포츠웨어의 기능적인 요소를 경쾌하고 생동감 있는 스타일로 표현한 의상들이 주를 이룬다. 다이내믹하고 활동적이며 유쾌한 스타일로 기하학적이고 스포티한 느낌의 패턴과 대담한 로고를 사용하는 점퍼나 스포츠웨어를 연출한다.
선명하고 강한 원색이나 강한 대비의 컬러 매치로 생동감과 역동적인 활동성을 표현한다.

2) 헤어 스타일

짧은 커트 머리나 포니테일 머리로 경쾌한 느낌을 주며 헤어밴드를 사용하거나 헤어컬러 연출, 스포티브 이미지의 헤어소품 사용 등으로 건강하고 밝은 이미지를 표현할 수 있다.

3) 메이크업 스타일

야외 활동을 고려하여 자외선에 의한 피부 손상을 막기 위해 자외선 차단제를 철저하게 바르고 메이크업의 지속력을 위해 땀이나 물에 지워지지 않는 워터프루프 타입의 제품을 사용하도록 한다. 또한 짙고 어두운 컬러로 메이크업을 하기보다는 밝고 깨끗한 느낌의 컬러를 사용하여 원포인트 메이크업을 해주는 것이 좋다.

① 베이스 메이크업

- 메이크업 재료와 도구를 준비하고 손과 도구류를 소독한다.
- 피부 톤에 적합한 메이크업 베이스를 선택하여 바른다.
- 리퀴드 파운데이션을 선택하여 자연스럽게 피부를 표현한다.
- 투명파우더를 사용하여 마무리하되 너무 매트한 피부 표현은 건강해 보이지 않을 수 있으므로 자연스러운 글로우를 표현한다.

② 아이브로우 메이크업

- 모발의 컬러에 맞추어 본래의 눈썹 모양을 살려서 자연스럽게 표현한다.

③ 아이 메이크업

- 스포티브 의상의 경우에는 원색 계열의 컬러가 많으므로 이들 컬러 중 한 가지를 선택하여 주조색으로 사용하는 것이 좋다. 옐로우, 그린, 오렌지, 핑크 컬러를 심플하게 펴 바르고 눈 모양에 맞는 아이라이너로 눈을 또렷하게 표현한다. 컬러 펜슬이나 컬러 마스카라를 사용하여 트렌디한 스타일을 연출할 수 있다.

④ 치크 메이크업

- 자연스럽고 옅은 컬러의 핑크나 피치 색상을 사용하여 볼 안쪽을 스치듯이 펴 발라 생기와 발랄함을 표현한다.

⑤ 립 메이크업

- 아이 섀도와 유사 색상을 선택하여 건강함을 표현해 주거나 활동적인 보색 컬러의 대비효과로 다이내믹하고 색다른 느낌을 표현한다. 글로시한 립 표현으로 건강하고 활동적인 메이크업으로 마무리해 준다.

6. 모던 & 심플 이미지 메이크업

샤프하고 차가운 세련미를 절제된 도시적 감각으로 표현하는 모던 & 심플 이미지는 시크한 선진 감각을 최대한 표현하여 카리스마가 감도는 트렌디한 스타일을 잘 표현해 주어야 한다.

1) 패션 & 컬러

디테일한 장식을 절제한 심플한 디자인과 직선적이고 기능적인 스타일로 세련된 이미지를 표현하며 기하학적인 무늬나 스트라이프 등을 사용하여 전문직 종사자들에게 선호되는 패션 스타일이다. 도시적이고 심플하며, 미래 지향적인 이미지의 컬러인 블랙과 화이트, 그레이 등의 무채색 모노톤이 많으며 딥 톤, 그레이시 톤, 다크 톤들이 주를 이루는 컬러이다.

2) 헤어 스타일

헤어 스타일은 복잡하고 장식적인 느낌을 배제한다. 단정하고 심플한 단발 헤어나 비대칭적인 커트 스타일, 또는 짧은 보이시 헤어 커트로 현대적이고 도시적인 간결한 감각미를 보여준다.

3) 메이크업 스타일

모던하고 심플하며, 도회적인 룩에 맞추어 한색 계열과 무채색의 분위기로 도시적인 감각을 표현한다. 아방가르드한 콘셉트의 잡지나 광고, 패션 컬렉션 트렌드로 활용되는 감각적인 메이크업이다.

① 베이스 메이크업

- 메이크업 재료와 도구를 준비하고 손과 도구류를 소독한다.
- 피부 톤에 적합한 메이크업 베이스를 선택하여 바른다.
- 파운데이션을 꼼꼼하게 바르고, 하이라이트와 섀딩을 이용하여 가볍게 컨투어링해 준다.
- 투명파우더를 사용하여 깨끗하게 마무리해 준다.
- 화이트 펄이 함유된 파우더를 사용하여 차가운 느낌의 하이라이트를 추가 표현할 수 있다.

② 아이브로우 메이크업

- 모발색상에 맞추어서 표현하되 눈썹의 형태와 각을 살려서 심플하게 표현한다.

③ 아이 메이크업

- 화이트, 그레이, 블루 그레이, 블루퍼플 등의 컬러를 주조색으로 하여 같은 계열의 다크 컬러로 눈꼬리 포인트를 준다. 펄이 있는 제품을 적절히 사용하면 색조 표현을 돋보이게 연출할 수 있다. 아이라이너를 점막부터 촘촘히 메워서 깊이감을 주면서 깨끗하게 표현한다.
- 마스카라로 속눈썹을 한 올 한 올 살려 아이 메이크업을 마무리한다.

④ 치크 메이크업

- 피치브라운 컬러를 사용하여 얼굴의 윤곽을 수정해 주면서 사선의 느낌으로 표현한다.

⑤ 립 메이크업

- 핑크 계열, 와인 계열, 쿨 톤의 레드 계열 립스틱을 사용하여 차갑고 심플한 느낌을 주거나 컬러감이 없는 창백한 톤에 펄이나 글로시한 질감으로 마무리해 준다.

7. 에스닉 이미지 메이크업

에스닉은 '민족주의', '인종의', 전통적인' 이라는 의미를 가지고 있는 이국적인 이미지와 자연적이고, 토속적인 스타일을 말한다.

세계 여러 민족의 민속의상이나 그들이 가지는 고유의 직물, 염색, 자수, 패턴, 액세서리 등에서 영감을 얻어 토속적이면서 소박한 아름다움을 표현하는 이미지라 할 수 있다. 민족 고유의 신비스러움을 표현하는 에스닉은 다음과 같은 이미지를 포함하고 있다.

◎ 오리엔탈리즘(Orientalism) - '동양의', '동양적인' 이라는 뜻으로 동양권의 느낌을 표현

◎ 포크로어(Folklore) - 인디언 룩, 페전트 룩 등 소박한 농어민의 전통적인 민속의상이나 유럽 지방을 대표하는 기독교 문화권의 민속의상 스타일

◎ 이그조틱(Exotic) - 이국적인 스타일의 낯설고 색다른 멋을 추구하는 감성의 이미지로 과거에 대한 회상과 향수로서의 민속이미지

◎ 트로피컬(Tropical) - 남태평양 제도와 하와이, 카리브, 인도네시아, 중남미, 아프리카 등의 열대지방 민속의상 스타일

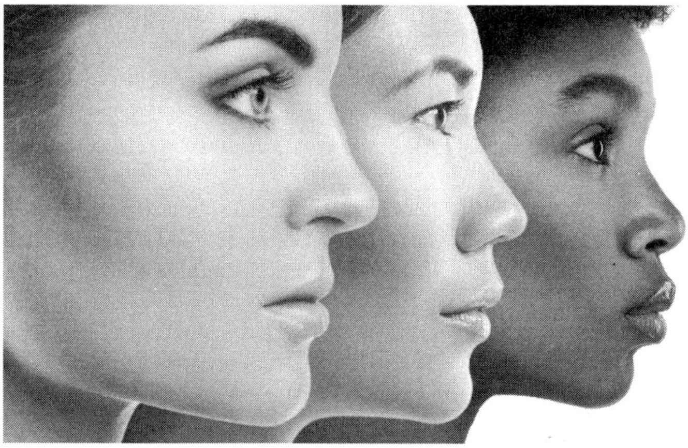

1) 패션 & 컬러

세계 여러 나라의 민속의상에서 느껴지는 전통적인 직물, 실루엣, 디테일, 문양 등을 의상에 적용하여 토속적인 스타일을 표현한다. 민속적이고 전통적인 소재를 사용하여 자연을 모티브로 한 문양이나 기하학적이고 추상적인 문양으로 에스닉 스타일을 표현한다.
강렬한 원색의 색채를 사용하거나 난색계열의 색상으로 화려함을 더해 줄 수 있고, 각 나라의 고유한 풍속이나 민족을 상징하는 옐로우, 오렌지, 브라운, 그린, 퍼플 등의 컬러들을 배색하여 표현한다.

2) 헤어 스타일

헤어 스타일은 자연스럽게 푼 긴 머리나 여러 갈래로 땋은 머리 스타일로 민족 특유의 이미지를 표현한다.

3) 메이크업 스타일

각 나라마다 나타나는 특징을 잘 표현하여 신비스러움을 표현해 준다.
의상이나 전체적인 스타일에서 힌트를 얻어 표현하고자 하는 민족의 이미지를 표현하도록 한다.

① 베이스 메이크업

- 메이크업 재료와 도구를 준비하고 손과 도구류를 소독한다.
- 피부톤에 적합한 메이크업 베이스를 선택하여 바른다.
- 다양한 인종의 피부톤을 이해하여 파운데이션의 종류와 컬러를 선택한다.
- 중국, 일본 등의 동양계 - 밝은 베이지나 화이트를 첨가한 파운데이션
- 인도, 이집트, 중동, 아메리카 인디언 등의 에스닉 : 어두운 다갈색이나 태닝 스타일의 피부 표현

② 아이브로우 메이크업

- 기본적으로 각 국가별 민족의 특성에 맞게 표현해 주어야 한다. 동양적인 느낌을 나타내고자 할 때에는 가늘고 섬세한 눈썹을 그리도록 한다.

③ 아이 메이크업

- 민속의상의 콘셉트나 색상, 각 민족이 선호하는 컬러나 상징성 있는 컬러들을 사용하여 주조색을 선택하고 펄이나 피그먼트를 사용하여 선명하고 신비스러움을 표현해 준다. 아이라이너로 메이크업 콘셉트에 맞는 민족의 눈매를 표현한다.

④ 치크 메이크업

- 핑크나 오렌지, 혹은 레드브라운 등의 컬러로 둥글게 볼의 윤곽을 표현하거나, 라이트 레드 계열로 섀도와 연결하여 오리엔탈 느낌의 혈색을 준다. 라이트 브라운골드 컬러의 펄 파우더를 사용하여 에스닉한 신비스러운 느낌을 더해 줄 수 있다.

⑤ 립 메이크업

- 자연스러운 베이지 코랄 컬러나 선명한 다양한 색채의 컬러를 사용하여 민족과 국가의 특징을 표현할 수 있다.

8. 트렌드 이미지 메이크업

새로운 시즌의 뷰티 트렌드 이미지를 표현하기 위해서는 트렌드 조사가 우선되어야 한다. 즉 패션, 헤어 스타일, 컬러, 메이크업, 네일, 메이크업 제품 정보 등의 각 분야의 트렌드를 파악하여 그 시기의 행동이나 현상에서 나타나는 흐름에 따라 뷰티 트렌드를 적용하여야 한다.

1) 메이크업 스타일

◎ 글로우&스트로빙 메이크업

'촉촉한', '광택 있는', '빛나는' 등의 뜻으로 메이크업의 질감 중 매트와 반대되는 피부 표현을 말한다. 글로우&스트로빙 메이크업은 내추럴하면서 촉촉하게 빛나는 메이크업으로 스킨케어 단계에서부터 피부의 보습과 촉촉함을 살리고 윤기와 광을 표현해 줄 수 있는 제품을 사용하여 피부의 질감과 입체감을 표현해 주어야 한다.

① 베이스 메이크업

- 피부의 질감 표현은 광택이 있으면서 깨끗해야 한다.

- 너무 두꺼운 피부 표현으로 답답하거나 매트한 느낌이 들지 않도록 메이크업 베이스 단계부터 자연스러운 글로우 제품을 차곡차곡 펴 발라 준다.
- 리퀴드 파운데이션으로 수분감 있도록 바르고, 컨실러를 사용하여 다크서클이나 잡티를 커버하며, 유분기가 많이 도는 부분에만 브러시를 사용하여 파우더를 가볍게 터치해 준다.

② 아이브로우 메이크업

- 자연스럽고 빛이 나는 피부 표현이 포인트이므로, 헤어 컬러에 맞게 눈썹결을 살려 자연스러운 눈썹을 그려 준다.

③ 아이 메이크업

- 눈을 강조한 세미 스모키 스타일로 표현하거나 일반 글로우＆스트로빙 메이크업의 경우는 펄이 들어간 자연스러운 파스텔 컬러의 코랄, 피치, 핑크, 소프트 브라운 등으로 가볍게 눈두덩이에 발라서 음영을 표현한다.
- 속눈썹 사이사이를 메꾸듯이 아이라이너를 그리되 트렌드 적용에 따라 아이라이너의 강도를 결정할 수 있다.

④ 치크 메이크업

- 피치나 핑크 컬러의 펄이 함유된 제품을 사용하거나 크림 블러셔로 볼을 중심으로 자연스럽게 표현한다.

⑤ 립 메이크업

- 글로스를 사용한 글로우한 입술 표현으로 전체적인 메이크업 이미지를 통일하고 촉촉함을 부각시킨다.

9. 레트로 이미지 메이크업

레트로는 '회상', '회고', '추억'이라는 'Retrospect'의 준말로 옛것을 그리는 즉, 옛날로 돌아가고자 하는 마음이나 과거의 전통을 그리워하여 그것을 취하려고 하는 복고주의를 지향하는 행동양식을 말한다.
과거의 스타일은 현대에 향수를 불러일으켜 대중들에게 익숙한 양식을 느끼게 하며, 현대적으로 세련되게 스타일을 재해석하여 현재의 새로운 트렌드로 자리 잡게 되는 하나의 현상이 되었다.

1) 패션 & 컬러

디테일한 장식을 절제한 디자인과 직선적이고 기능적인 스타일로 세련된 이미지를 표현하며 기하학적인 무늬나 스트라이프 등을 사용하여 전문직 종사자들에게 선호되는 패션 스타일이다. 도시적이고 심플하며 미래 지향적인 이미지의 컬러인 블랙과 화이트, 그레이 등의 무채색 모노 톤이 많으며 딥 톤, 그레이시 톤, 다크 톤들이 주를 이루는 컬러이다.

2) 헤어 스타일

복잡하고 장식적인 느낌을 배제한 단정하고 심플한 단발 헤어나 비대칭적인 커트, 또는 짧은 보이시 헤어커트로 현대적이고 도시적인 감각미를 보여준다.

3) 메이크업 스타일

모던하고 심플한 도회적인 룩에 맞추어 한색 계열과 무채색의 분위기로 도시적인 감각을 표현한다. 아방가르드한 콘셉트의 잡지나 광고, 패션 컬렉션 트렌드로 활용되는 감각적인 메이크업이다.

① 베이스 메이크업

- 메이크업 재료와 도구를 준비하고 손과 도구류를 소독한다.
- 피부톤에 적합한 메이크업 베이스를 선택하여 바른다.
- 파운데이션을 꼼꼼하게 바르고, 하이라이트와 섀딩을 이용하여 가볍게 컨투어링해 준다.
- 투명파우더를 사용하여 깨끗하게 마무리해 준다.
- 화이트 펄이 함유된 파우더를 사용하여 차갑운 느낌의 하이라이트를 추가 표현할 수 있다.

② 아이브로우 메이크업

- 모발 색상에 맞추어 표현하되 눈썹의 형태와 각을 살려서 심플하게 표현한다.

③ 아이 메이크업

- 화이트, 그레이, 블루 그레이, 블루퍼플 등의 컬러를 주조색으로 하여 같은 계열의 다크 컬러로 눈꼬리 포인트를 준다. 펄이 있는 제품을 적절히 사용하면 색조표현을 돋보이게 연출할 수 있다. 아이라이너를 점막부터 촘촘히 메워서 깊이감을 주면서 깨끗하게 표현한다.
- 마스카라로 속눈썹을 한 올 한 올 살려 아이 메이크업을 마무리한다.

④ 치크 메이크업

- 피치브라운 컬러를 사용하여 얼굴의 윤곽을 수정하면서 사선의 느낌으로 표현한다.

⑤ 립 메이크업

- 핑크 계열, 와인 계열, 쿨 톤의 레드 계열 등의 립스틱을 사용하여 차갑고 심플한 느낌을 주거나 컬러감이 없는 창백한 톤에 펄이나 글로시한 질감으로 마무리해 준다.

CHAPTER 03 트렌드 메이크업하기(1201010342_16v1.2)

1. 스모키 메이크업

'연기가 자욱한', '그을린'이라는 사전적 의미로 눈 주위에 어두운 아이 섀도를 발라 눈가에 검은 안개가 피어나는 느낌으로 그윽하고 깊이감 있는 눈매를 표현하는 메이크업이다.
패션쇼 메이크업에서 시작되어 광고나 잡지, 화보 등에서 다양한 이미지로 활용되고 있다.
색감과 음영을 보다 소프트하게 표현해 내추럴한 세미 스모키 메이크업으로 응용하여 트렌디한 대중적 연출이 가능하게 되었다.

[메이크업 스타일]

눈을 깊이감 있고 그윽하게 강조하는 메이크업이다. 눈썹이나 입술 등 다른 부분들은 밝고 내추럴 하며 깔끔하게 마무리하여 스모키 메이크업의 스타일을 연출하여야 한다.

① 베이스 메이크업

- 메이크업 재료와 도구를 준비하고 손과 도구류를 소독한다.
- 피부 톤에 적합한 메이크업 베이스를 선택하여 바른다.
- 피부 톤에 맞는 리퀴드 파운데이션을 꼼꼼하게 바르고 컨실러를 사용하여 피부의 잡티나 다크서클을 커버한다.
- 투명파우더를 사용하여 자연스럽게 마무리해 준다.

※ 피부의 질감은 세미매트 표현이나 약간 쉬머한 느낌의 이미지를 추가 표현할 수 있다. (페이스 밤, 페이스 오일 등)

② 아이브로우 메이크업

- 눈을 강조하는 메이크업이므로 눈썹은 최대한 자연스럽게 표현한다.
- 깔끔하게 눈썹모를 정리하고 자연스럽게 본래의 눈썹을 살려 표현하도록 한다.
- 헤어 컬러에 어울리는 아이브로 마스카라를 사용하여 마무리한다.

※ 보이브로우나 사자깃털 아이브로우 이미지를 추가할 수 있다.

③ 아이 메이크업

- 아이 홀 부분에 자연스러운 베이지브라운 계열로 그라데이션 하여 눈매에 음영감과 입체감을 살린다.
- 소프트한 블랙펜슬을 사용하여 속눈썹 라인 부분과 언더의 점막 부분에 윤곽을 그려 준다.

- 브라운 펄 섀도와 블랙, 그레이 컬러와 블랙, 골드브라운과 딥 카키 등의 컬러로 그라데이션해 준다. 눈 앞초리 부분에 라이트 골드 펄이나 화이트 펄을 사용하여 아이 메이크업이 어두워지지 않고 화려함을 더해 줄 수 있도록 한다. 이때 아이 섀도가 아이 홀 위로 올라가지 않도록 하고 눈꼬리 부분을 살짝 길게 빼서 타원형의 모양으로 표현해 준다.

- 눈의 깊이감을 표현하기 위해 인조 속눈썹을 사용하고 볼륨감 있게 마스카라를 발라 준다.
- 소프트 스모키와 하드 스모키 메이크업을 T.P.O와 트렌드에 맞추어 연출하도록 한다.

※ 동공 하이라이트를 펄을 사용하여 줄 수 있다.

④ 치크 메이크업

- 소프트한 피치나 핑크 컬러, 혹은 누드 브라운 컬러를 사용하여 약간 짧은 듯한 터치로 가볍고 자연스럽게 표현한다.

⑤ 립 메이크업

- 입술 부분으로 시선이 가지 않도록 글로스만 표현하거나 베이지 컬러나 페일 톤의 부드러운 핑크 계열로 가볍고 자연스럽게 마무리해 준다.

2. 패션쇼 메이크업

1년에 2번(S/S, F/W) 패션 디자이너가 음악과 무대연출이 있는 쇼를 통해 자신이 디자인한 의상의 신상품을 모델에게 입히고 패션 트렌드와 패션 브랜드의 이미지를 보여주는 공연예술을 패션쇼라고 한다.

세계적인 4대 패션쇼에는 파리(Paris), 뉴욕(New York), 런던(London), 밀라노(Milano) 패션쇼가 있고 각각의 쇼는 독특한 특징을 보이며 전 세계의 패션 트렌드를 만들어내고 있다.

또한 패션쇼에는 고급 맞춤 주문복을 뜻하는 오뜨 꾸띄르(haute couture)와 고급 기성복을 뜻하는 프레타 포르테(prêt-à-porter)로 분류할 수 있다. 디자이너의 작품에 따라 다양한 메이크업과 아트 메이크업, 오브제(objet : 예술과 무관한 물건을 본래의 용도에서 분리하여 작품에 사용함으로써 새로운 느낌을 일으키는 상징적인 물체-펄이나, 깃털, 원단, 레이스, 큐빅 등) 등의 기법을 활용하여 작품 컨셉과 트렌드의 계획에 따른 메이크업을 연출하여야 한다.

패션쇼에서 진행되는 메이크업은 디자이너의 작품을 정확히 해석하고 표현할 수 있도록 작품의 콘셉트와 주제를 파악하고 의상, 메이크업, 헤어, 소품 등이 조화를 이루어야 하고 시즌의 트렌드를 반영하여야 한다.

CHAPTER 04 시대별 메이크업하기(1201010342_16v1.3)

1. 1900년대 뷰티 스타일

(1) 메이크업

(2) 헤어

(3) 패션

2. 1910년대 뷰티 스타일

(1) 메이크업

(2) 헤어

(3) 패션

3. 1920년대 뷰티 스타일

(1) 메이크업

(2) 헤어

(3) 패션

[1920년대 메이크업 연출]

① 베이스 메이크업

- 밝은 톤의 파운데이션을 사용하여 창백하고 커버력 있는 빈틈없는 피부 표현에 중점을 둔다.
- 컬러 보정이 가능한 메이크업 베이스를 도포하고 커버력 있는 밝은 톤의 파운데이션을 선택하여 꼼꼼히 바른다. 밝고 투명한 파우더를 사용하여 유분기를 제거하고 베이스를 완성한다.

② 아이브로우 메이크업

- 눈썹은 가늘고 진하게 그레이 컬러와 블랙 컬러의 섀도 타입과 펜슬을 사용하여 인위적으로 그려 준다.
- 얇은 일자 형태의 눈썹으로 눈꼬리 부분이 아래 방향으로 처지도록 눈썹의 모양을 완성한다.

③ 아이 메이크업

- 윤곽을 강조하는 인위적인 눈매를 표현하기 위해 눈썹 뼈 부분에 화이트 섀도를 강하게 넣고 아이 홀 메이크업은 브라운, 그레이, 블랙 컬러를 눈 주변으로 짙게 그라데이션 해서 번진 듯한 눈매를 표현한다. 검은색의 코울 아이라인으로 눈의 위와 아래 점막까지 꼼꼼하게 메워 인위적인 눈매를 만들어 주며 아이래시 컬러로 자연 눈썹의 컬을 만들어 준 후 마스카라로 장식적인 눈을 완성한다.

④ 치크 메이크업

- 장밋빛 핑크컬러나 라즈베리 컬러의 색상으로 볼 부위를 넓고 둥근 느낌으로 블렌딩해 준다.

⑤ 립 메이크업

- 작고 얇은 장미꽃 봉오리 형태의 입술을 표현하기 위해 인커브의 형태로 작고 둥글게 립 라이너 펜슬을 이용하여 그려 준 후 검붉은 레드 컬러나 어두운 장미 색상의 립스틱으로 표현한다.

4. 1930년대 뷰티 스타일

(1) 메이크업

(2) 헤어

(3) 패션

1) 시대 메이크업(그레타 가르보 - 1930)

① 베이스 메이크업

- 메이크업 재료와 도구를 준비하고 손과 도구류를 소독한다.
- 피부 톤에 적합한 메이크업 베이스를 선택하여 얇게 도포한다.
- 눈썹은 파운데이션(또는 눈썹 왁스와 실러) 등을 사용하여 완벽하게 커버하여 고정시킨다.
- 피부의 결점을 커버하여 깨끗하고 창백한 피부를 표현한다.
- 섀딩과 하이라이트를 사용하여 얼굴의 음영을 강하게 살려 얼굴의 윤곽선을 표현한다.
- 투명파우더를 사용하여 매트하게 마무리한다.

② 아이브로우 메이크업

- 눈썹은 파운데이션(또는 눈썹 왁스와 실러) 등을 사용하여 완벽하게 커버한다.
- 그레타 가르보의 눈썹 형태를 표현하기 위해 블랙, 그레이, 다크브라운 컬러를 사용하여 가늘고 긴 아치 형태로 눈썹을 표현한다.

③ 아이 메이크업

- 아이 섀도는 펄이 없는 브라운 섀도를 사용하여 아이홀을 그리고 그라데이션한다.
- 화이트 섀도로 눈썹뼈 부위에 하이라이트를 주고, 아이 홀 안쪽을 화이트 섀도로 표현한다. 노즈 섀도를 표현한다.
- 아이라인은 블랙 아이라이너로 진하게 속눈썹 사이를 메꾸어 그리고 눈매를 교정한다.
- 아이래시 컬러로 자연 속눈썹을 컬링하여 인조 속눈썹을 붙이고 마스카라로 깊고 그윽한 눈매로 마무리한다.

④ 치크 메이크업

- 브라운 컬러로 광대뼈 아래쪽을 강하게 표현하여 광대뼈를 강조하고 얼굴 전체를 핑크 톤으로 가볍게 쓸어서 마무리한다.

⑤ 립 메이크업

- 적당한 유분기를 가진 레드브라운 컬러를 이용하여 인커브 형태로 바른다.

€ 0,56 + 0,26
Deutschland
Für die
Wohlfahrtspflege
Greta Garbo
2001
110
+50

5. 1940년대 뷰티 스타일

(1) 메이크업

(2) 헤어

(3) 패션

[1940년대 메이크업 연출]

① 베이스 메이크업

- 1940년대 베이스 메이크업은 영화 분장용 맥스팩터(Max Factor)사의 팬케이크(Fan-Cake) 제품을 사용하여 두껍게 표현되었으므로 커버력 있고 깨끗한 피부 표현을 한다. 피부 톤에 맞는 메이크업 베이스를 이용하여 피부를 보호하고 톤을 보정한다.
- 커버력이 있는 파운데이션을 사용하여 한 톤이 밝고 깨끗하며 완벽한 피부를 표현하고 자연스러운 음영을 주어 컨투러링을 표현한다.
- 매트한 피부 표현을 위해 라이트 파우더를 사용하여 마무리한다.

② 아이브로우 메이크업

- 잘 정돈된 또렷한 아치형 곡선 형태의 눈썹을 그렸고, 눈썹의 두께는 두꺼워지기 시작하였다.

③ 아이 메이크업

- 아이 섀도는 가볍고 자연스러운 표현을 위해 라일락, 라이트브라운, 소프트 그레이 등과 같은 잔잔한 컬러를 사용한다.
- 눈두덩이와 언더까지 자연스럽게 홀 중심으로 블랜딩하여 눈을 맑게 표현한다.
- 블랙 리퀴드 타입의 아이라이너를 사용하여 다소 두껍고 또렷한 아이라인을 그려주었고, 인조 속눈썹과 마스카라를 풍성하게 표현하여 눈을 선명하게 강조하였다.

④ 치크 메이크업

- 블러셔는 자연스럽게 표현하기 위해 살구 빛 컬러나 장밋빛 컬러를 사용하여 홍조를 표현하였다.
- 광대뼈 중심으로 자연스럽게 블렌딩해 주면서 관자놀이 부위까지 펴 발라 준다.

⑤ 립 메이크업

- 입술은 옅은 레드부터 다소 짙은 느낌의 레드까지 폭넓게 사용한다.
- 립 라이너를 사용하여 선명한 풀 컬러의 립을 표현하고 촉촉한 느낌의 질감을 표현하기 위해 글로스를 사용하여 마무리한다.

6. 1950년대 뷰티 스타일

(1) 메이크업

(2) 헤어

(3) 패션

1) 시대 메이크업(마릴린먼로 - 1950)

① 베이스 메이크업

- 메이크업 재료와 도구를 준비하고 손과 도구류를 소독한다.
- 피부 톤에 적합한 메이크업 베이스를 선택하여 얇게 도포한다.
- 밝은 톤의 핑크 파운데이션을 사용하여 표현한다.
- 섀딩과 하이라이트를 사용하여 윤곽을 수정한다.
- 밝은 톤의 파우더를 사용하여 매트하게 마무리한다.

② 아이브로우 메이크업

- 눈썹은 브라운, 다크브라운 컬러를 사용하여 미간이 좁지 않도록 표현하고 각진 눈썹 형태로 그려 준다.

③ 아이 메이크업

- 아이섀도는 핑크와 베이지 계열의 색을 이용하여 아이 홀을 표현하고 그라데이션한다.
- 화이트 섀도로 아이홀 안쪽과 눈썹뼈 부위에 입체감을 주고 언더 부위에 베이지 계열의 섀도를 바른다.
- 미간이 넓어 보이도록 노즈 섀도를 해 준다.
- 아이라인은 블랙라이너로 속눈썹 사이를 메꾸어 그리고 눈을 뜬 상태에서 라인 끝을 위로 올려 길게 뺀 형태의 눈매를 표현한다. 뷰러를 이용하여 자연 속눈썹을 컬링하고 인조 속눈썹을 모델의 눈보다 길게 뒤로 빼서 붙여 준다. 마스카라로 깊고 그윽한 눈매를 표현한다.

④ 치크 메이크업

- 핑크 톤으로 광대뼈보다 아래쪽에서 구각을 향해 사선으로 표현하여 윤곽을 잡아 준다.

⑤ 립 메이크업

- 적당한 유분기를 가진 레드 컬러 립스틱을 사용하여 아웃커브 형태로 바른다.
- 마릴린 먼로의 개성이 돋보이는 점을 그려 마무리 한다.

7. 1960년대 뷰티 스타일

(1) 메이크업

(2) 헤어

(3) 패션

1) 시대 메이크업(트위기 - 1960)

① 베이스 메이크업

- 메이크업 재료와 도구를 준비하고 손과 도구류를 소독한다.
- 피부 톤에 적합한 메이크업 베이스를 선택하여 얇게 도포한다.
- 피부 톤과 비슷한 리퀴드 파운데이션 또는 크림 파운데이션을 사용하여 두껍지 않게 골고루 펴 바르고 투명파우더로 자연스럽게 마무리한다.

② 아이브로우 메이크업

- 눈썹은 자연스러운 브라운 컬러를 사용하여 눈썹산을 강조하여 그린다.

③ 아이 메이크업

- 아이섀도는 화이트 베이스 컬러와 핑크, 네이비, 그레이, 다크 네이비 컬러 등을 사용하여 인위적인 쌍꺼풀 라인을 표현한다. 쌍꺼풀 라인과 아이라인의 선이 선명하도록 강조한다.
- 화이트 섀도로 쌍꺼풀 홀 안쪽과 눈썹뼈 아래 부위에 하이라이트를 준다.
- 아이라인은 블랙 아이라이너로 속눈썹 사이를 메꾸어 선명하게 그리고 눈매를 교정한다.
- 아이래시 컬러로 자연 속눈썹을 컬링하고 마스카라를 바른 후 풍성한 인조 속눈썹을 붙여 눈매를 강조한다.
- 언더 속눈썹에 마스카라를 한 후 아이라이너를 사용하여 그리거나 인조 속눈썹을 붙여 인형 같은 눈매를 표현한다.

④ 치크 메이크업

- 핑크나 라이트 브라운 컬러로 애플존 위치에 둥근 느낌으로 터치한다.

⑤ 립 메이크업

- 베이지핑크 컬러의 립 제품으로 자연스럽게 발라 마무리한다.

8. 1970년대 뷰티 스타일

(1) 메이크업

(2) 헤어

(3) 패션

1) 시대 메이크업(펑크 - 1970)

① 베이스 메이크업

- 메이크업 재료와 도구를 준비하고 손과 도구류를 소독한다.
- 피부 톤에 적합한 메이크업 베이스를 선택하여 얇게 도포한다.
- 크림 파운데이션을 사용하여 밝고 창백하게 표현한다.
- 피부의 결점과 다크서클을 커버하기 위해 필요에 따라 컨실러를 사용하고 밝은 컬러의 파우더로 매트하게 표현한다.

② 아이브로우 메이크업

- 눈썹은 블랙 섀도와 블랙 펜슬을 사용하여 짙고 강하게 표현하며 눈썹의 결을 강조해 그려준다.

③ 아이 메이크업

- 아이 섀도는 화이트, 베이지, 그레이, 블랙 등의 컬러를 사용하여 아이홀을 강하게 표현한다.
- 아이 홀은 눈꼬리에서 눈 앞머리 쪽으로 그리고 아이홀의 눈꼬리 1/3 부분을 검정색 아이섀도나 아이라이너를 이용하여 채우고 그라데이션한다. 화이트 섀도로 눈썹뼈 부분과 아이홀 앞쪽 부분에 하이라이트해 준다.
- 아이라인은 블랙 아이라이너로 아이홀 라인의 바깥쪽으로 과장되게 그려 표현한다.
- 언더 라인은 위쪽 라인까지 연결하여 강하게 표현 한다.
- 아이래시 컬러로 자연 속눈썹을 컬링하여 마스카라를 바르고, 인조 속눈썹을 붙여 강하고 깊이감 있는 눈매를 표현한다.

④ 치크 메이크업

- 레드브라운 컬러로 얼굴 앞쪽을 향하여 사선으로 선을 그리듯이 강하게 바른다.

⑤ 립 메이크업

- 검붉은 색상을 사용하여 펴 바르고 입술라인을 선명하게 표현한다.

9. 1980년대 뷰티 스타일

(1) 메이크업

(2) 헤어

(3) 패션

[1980년대 메이크업 연출]

① 베이스 메이크업
- 피부 톤에 적합한 메이크업 베이스를 사용하여 톤을 보정하고 깨끗한 파운데이션을 유지할 수 있도록 한다.
- 자연스러운 피부 톤을 표현하기 위해 본인 톤에 적합한 파운데이션을 도포하고, 하이라이트와 섀딩을 사용하여 입체감을 표현한다.
- 컨실러를 사용하여 눈가와 피부를 깨끗하게 보정해 준다.
- 루스 파우더를 사용하여 매트한 질감의 피부톤으로 완성한다.

② 아이브로우 메이크업
- 브라운 컬러를 사용하여 두꺼운 눈썹을 그리고, 아이브로우 마스카라를 사용하여 눈썹 앞머리의 결을 살려 자연스럽고 풍성하게 표현해 준다.

③ 아이 메이크업
- 1980년대는 가장 많은 컬러를 다양하게 사용한 시대이다.
- 다양한 컬러와 강렬한 대비가 되는 컬러 등을 사용하여 눈 전체를 화려하게 표현해 준다.
- 화이트 컬러를 사용하여 눈두덩이와 눈썹뼈 부분에 섀도를 넣어 준다.
- 밝은 톤의 핑크, 오렌지, 블루, 그린 계열의 아이 섀도 컬러를 선택하여 쌍꺼풀라인, 눈꼬리, 언더라인 부분까지 넓게 그라데이션 해준다.
- 블랙 컬러의 아이라이너를 사용하여 점막을 꼼꼼하게 메워주고 눈 윗부분과 눈 아fot 부분 까지 모두 그려 굵고 진하게 강조한다.
- 숱이 풍성한 인조 속눈썹을 붙이거나 컬러 마스카라를 사용하여 여러 번 덧발라 준다.

④ 치크 메이크업
- 톤 다운된 핑크 컬러나 붉은 벽돌 컬러로 광대 뼈 뒷부분을 중심으로 자연스럽게 음영을 표현한다.

⑤ 립 메이크업
- 돋보이는 립 라이너를 사용하여 입술선을 표현하고 같은 계열의 붉은 계통 립스틱을 사용하여 둥근 모양으로 입술 전체에 발라 준다.

10. 1990년대 뷰티 스타일

(1) 메이크업　　(2) 헤어　　(3) 패션

[1990년대 메이크업 연출]

① 베이스 메이크업
- 메이크업 베이스를 사용하여 피부를 정리해 준다.
- 본인 피부 톤보다 한 톤 밝은 컬러의 파운데이션을 사용하여 투명하고 자연스러우면서도 도자기 같은 피부를 표현한다.
- 하이라이트와 섀딩으로 컨투어링을 주고 매트하면서도 깨끗한 피부를 표현하기 위해 파우더로 꼼꼼히 마무리한다.

② 아이브로우 메이크업
- 눈썹은 진하거나 강하지 않게 자연스럽게 그리되 약간 위쪽으로 올려 주는 느낌으로 그린다. 전체적으로 브라운 컬러의 느낌이 표현되도록 한다.

③ 아이 메이크업
- 아이보리 컬러를 사용하여 눈두덩이 전체와 눈썹 뼈 하이라이트 부위에 발라 주어 유분기를 제거하고 깨끗한 눈두덩이를 만든다.
- 뉴트럴 계열의 컬러를 사용하여 눈에 음영을 표현하며 눈의 언더 부분까지 자연스럽게 음영 그라데이션을 해준다.
- 다크브라운 컬러를 사용하여 포인트를 주어 더욱 그윽한 눈매를 연출할 수 있도록 한다.
- 블랙에 가까운 다크브라운 컬러의 아이라이너를 사용하여 눈꼬리까지 강조하여 아이라인을 언더까지 그려주고 인조 속눈썹이나 마스카라를 사용하여 눈매를 그윽하게 완성해 준다.

④ 치크 메이크업
- 더스티 로즈(dusty rose)컬러나 중간 톤의 오렌지브라운 컬러를 사용하여 광대뼈를 따라 음영을 표현한다.

⑤ 립 메이크업
- 진한 컬러의 립 라이너를 사용하여 라인을 강조하듯이 그리고, 립스틱은 매트한 레드, 레드와인, 브라운, 라이트 브라운, 적갈색 등의 컬러를 사용하여 풍성하고 도톰한 입술을 표현한다.

11. 2000년대 뷰티 스타일

이 시대는 메이크업을 하지 않은 것처럼 보이도록 하는 것이 크게 유행하였다.
연예인들의 맨 얼굴 같은 연한 메이크업에 반짝이며 빛나는 하이라이트로 마무리하였다.
볼 화장도 매운 연한 컬러들로 자연스럽게 표현하여 어리고 자연스러워 보이는 메이크업을 강조하였다. 또한 패션쇼에서 선보인 스모키 메이크업이 화보나 잡지, 쇼에서 많이 활용되었다.

(1) 메이크업

(2) 헤어

(3) 패션

12. 2010년대 뷰티 스타일

다양한 뷰티 정보 프로그램을 통한 정보교환이 활발해졌고, 로드숍이나 드럭스토어, 중저가 브랜드의 위상이 높아짐에 따라 다양하고 개인 개성을 강조한 메이크업을 하게 되었다.
2010년대 이후의 메이크업은 20세기 복고 메이크업을 현대적으로 재해석하여 다양한 트렌드를 만들어내고 있다.

(1) 메이크업

(2) 헤어

(3) 패션

직무수행능력평가 / 실습일지

직무수행능력평가 (1차) 배점표

직무수행능력평가 (2차) 배점표

직무수행능력평가 (3차) 배점표

실습일지

직무수행능력평가 (1차) 배점표

대상학과	학과 : 학번 : 성명 :		
교과목	응용 메이크업 실습서	평가자	(인)
능력단위 명	속눈썹 연출 (1201010318_16v3) 응용 메이크업 (1201010341_16v1) 트렌드 메이크업 (1201010341_16v1)		
능력단위 요소	인조 속눈썹 작업하기 (1201010318_16v3.2) 패션 이미지 메이크업 제안하기 (1201010341_16v1.1) 트렌드 메이크업하기 (1201010342_16v1.2) 시대별 메이크업하기 (1201010342_16v1.3)		

※ 성취(평가) 기준 : 성취수준에 맞는 평가점수를 배점과 환산하여 평가점수 도출

성취수준	수행정도	평가점수
5	해당 지식과 기술을 확실하게 습득하여 직무수행에 필요한 기술적 사고력과 문제 해결력을 토대로 주도적으로 완벽한 작업을 수행할 수 있다.	100%
4	해당 지식과 기술을 습득하여 직무수행에 필요한 기술적 사고력과 문제 해결력을 토대로 작업을 수행할 수 있다.	90%
3	해당 지식과 기술을 대부분 습득하여 직무수행에 필요한 지식과 기술을 가지고 대부분의 작업을 수행할 수 있다.	80%
2	해당 지식과 기술을 부분적으로 습득하여 직무 수행에 필요한 지식과 기술을 가지고 타인과 공동으로 작업을 수행할 수 있다.	70%
1	해당 지식과 기술을 습득하는데 부족함이 있어 타인의 도움을 받아야만 작업을 수행할 수 있다.	60%

평가 기준		배점	교수자 평가	
			성취수준	총점수
시대별 메이크업하기 (1201010342_16v1.3)	3.1 시대별 사회·문화적 배경, 패션, 메이크업 스타일의 특징을 파악할 수 있다.	10		
	3.2 시대별 메이크업 특성을 일러스트로 표현할 수 있다.	10		
	3.3 시대별 메이크업 특성을 반영한 디자인을 실행할 수 있다.	10		

완성사진

전	후

일러스트 작품

완성사진

전	후

직무수행능력평가 (2차) 배점표

대상학과	학과 :	학번 :	성명 :
교과목	응용 메이크업 실습서	평가자	(인)
능력단위 명	속눈썹 연출 (1201010318_16v3) 응용 메이크업 (1201010341_16v1) 트렌드 메이크업 (1201010341_16v1)		
능력단위 요소	인조 속눈썹 작업하기 (1201010318_16v3.2) 패션 이미지 메이크업 제안하기 (1201010341_16v1.1) 트렌드 메이크업하기 (1201010342_16v1.2) 시대별 메이크업하기 (1201010342_16v1.3)		

※ 성취(평가) 기준 : 성취수준에 맞는 평가점수를 배점과 환산하여 평가점수 도출

성취수준	수행정도	평가점수
5	해당 지식과 기술을 확실하게 습득하여 직무수행에 필요한 기술적 사고력과 문제 해결력을 토대로 주도적으로 완벽한 작업을 수행할 수 있다.	100%
4	해당 지식과 기술을 습득하여 직무수행에 필요한 기술적 사고력과 문제 해결력을 토대로 작업을 수행할 수 있다.	90%
3	해당 지식과 기술을 대부분 습득하여 직무수행에 필요한 지식과 기술을 가지고 대부분의 작업을 수행할 수 있다.	80%
2	해당 지식과 기술을 부분적으로 습득하여 직무 수행에 필요한 지식과 기술을 가지고 타인과 공동으로 작업을 수행할 수 있다.	70%
1	해당 지식과 기술을 습득하는데 부족함이 있어 타인의 도움을 받아야만 작업을 수행할 수 있다.	60%

평가 기준		배점	교수자 평가	
			성취수준	총점수
인조 속눈썹 작업하기 (1201010318_16v3.2)	2.1 인조 속눈썹 부착을 위한 제품, 도구를 사용할 수 있다.	5		
	2.2 속눈썹과의 자연스러운 조화를 위해 수정할 수 있다.	5		
시대별 메이크업하기 (1201010342_16v1.3)	3.2 시대별 메이크업 특성을 일러스트로 표현할 수 있다.	5		
	3.3 시대별 메이크업 특성을 반영한 디자인을 실행할 수 있다.	5		

완성사진

전	후

일러스트 작품

완성사진

전	후

완성사진

전	후

직무수행능력평가 (3차) 배점표

대상학과	학과 :	학번 :	성명 :
교과목	응용 메이크업 실습서	평가자	(인)
능력단위 명	속눈썹 연출 (1201010318_16v3) 응용 메이크업 (1201010341_16v1) 트렌드 메이크업 (1201010341_16v1)		
능력단위 요소	인조 속눈썹 작업하기 (1201010318_16v3.2) 패션 이미지 메이크업 제안하기 (1201010341_16v1.1) 트렌드 메이크업하기 (1201010342_16v1.2) 시대별 메이크업하기 (1201010342_16v1.3)		

※ 성취(평가) 기준 : 성취수준에 맞는 평가점수를 배점과 환산하여 평가점수 도출

성취수준	수행정도	평가점수
5	해당 지식과 기술을 확실하게 습득하여 직무수행에 필요한 기술적 사고력과 문제 해결력을 토대로 주도적으로 완벽한 작업을 수행할 수 있다.	100%
4	해당 지식과 기술을 습득하여 직무수행에 필요한 기술적 사고력과 문제 해결력을 토대로 작업을 수행할 수 있다.	90%
3	해당 지식과 기술을 대부분 습득하여 직무수행에 필요한 지식과 기술을 가지고 대부분의 작업을 수행할 수 있다.	80%
2	해당 지식과 기술을 부분적으로 습득하여 직무 수행에 필요한 지식과 기술을 가지고 타인과 공동으로 작업을 수행할 수 있다.	70%
1	해당 지식과 기술을 습득하는 데 부족함이 있어 타인의 도움을 받아야만 작업을 수행할 수 있다.	60%

평가 기준		배점	교수자 평가	
			성취수준	총점수
트렌드 메이크업하기 (1201010342_16v1.2)	2.2 최신 트렌드 정보를 메이크업에 적용할 수 있다.	10		
시대별 메이크업하기 (1201010342_16v1.3)	3.1 시대별 사회·문화적 배경, 패션, 메이크업 스타일의 특징을 파악할 수 있다.	10		
	3.2 시대별 메이크업 특성을 일러스트로 표현할 수 있다.	10		

완성사진

전	후

완성사진

전	후

실습일지

<table>
<tr><td>학과</td><td></td><td>학번:</td><td>성명:</td></tr>
<tr><td>교과목</td><td colspan="3">응용 메이크업 실습서</td></tr>
<tr><td>능력단위명</td><td colspan="3">속눈썹 연출 (1201010318_16v3)
응용 메이크업 (1201010341_16v1)
트렌드 메이크업 (1201010341_16v1)</td></tr>
<tr><td colspan="4">능력단위 요소 / 수행준거</td></tr>
<tr><td colspan="4">인조 속눈썹 작업하기 (1201010318_16v3.2)</td></tr>
<tr><td colspan="4">2.1 인조 속눈썹 부착을 위한 제품, 도구를 사용할 수 있다.</td></tr>
<tr><td colspan="4">2.2 속눈썹과의 자연스러운 조화를 위해 수정할 수 있다.</td></tr>
<tr><td colspan="2">사진 첨부</td><td colspan="2">시술순서 및 방법</td></tr>
<tr><td colspan="2"></td><td colspan="2"></td></tr>
<tr><td>시술 소감</td><td colspan="3"></td></tr>
</table>

실습일지

<table>
<tr><td>학과</td><td></td><td>학번:</td><td>성명:</td></tr>
<tr><td>교과목</td><td colspan="3">응용 메이크업 실습서</td></tr>
<tr><td>능력단위명</td><td colspan="3">패션 이미지 메이크업 제안하기 (1201010341_16v1.1)</td></tr>
<tr><td colspan="4">능력단위 요소 / 수행준거</td></tr>
<tr><td colspan="4">패션 이미지 메이크업 제안하기 (1201010341_16v1.1)</td></tr>
<tr><td colspan="4">1.1 패션 이미지 유형에 따라 메이크업 디자인 요소를 분석할 수 있다.</td></tr>
<tr><td colspan="4">1.2 패션 이미지 분석결과를 메이크업 일러스트로 표현할 수 있다.</td></tr>
<tr><td colspan="2">사진 첨부</td><td colspan="2">시술순서 및 방법</td></tr>
<tr><td colspan="2"></td><td colspan="2"></td></tr>
<tr><td>시술 소감</td><td colspan="3"></td></tr>
</table>

실습일지

<table>
<tr><td>학과</td><td></td><td>학번:</td><td>성명:</td></tr>
<tr><td>교과목</td><td colspan="3">응용 메이크업 실습서</td></tr>
<tr><td>능력단위명</td><td colspan="3">속눈썹 연출 (1201010318_16v3)
응용 메이크업 (1201010341_16v1)
트렌드 메이크업 (1201010341_16v1)</td></tr>
<tr><td colspan="4">능력단위 요소 / 수행준거</td></tr>
<tr><td colspan="4">트렌드 메이크업하기 (1201010342_16v1.2)</td></tr>
<tr><td colspan="4">2.1 최신 메이크업 트렌드를 일러스트로 표현할 수 있다.</td></tr>
<tr><td colspan="4">2.2 최신 트렌드 정보를 메이크업에 적용할 수 있다.</td></tr>
<tr><td colspan="2">사진 첨부</td><td colspan="2">시술순서 및 방법</td></tr>
<tr><td colspan="2"></td><td colspan="2"></td></tr>
<tr><td>시술 소감</td><td colspan="3"></td></tr>
</table>

실습일지

<table>
<tr><td>학과</td><td></td><td>학번:</td><td>성명:</td></tr>
<tr><td>교과목</td><td colspan="3">응용 메이크업 실습서</td></tr>
<tr><td>능력단위명</td><td colspan="3">속눈썹 연출 (1201010318_16v3)
응용 메이크업 (1201010341_16v1)
트렌드 메이크업 (1201010341_16v1)</td></tr>
<tr><td colspan="4">능력단위 요소 / 수행준거</td></tr>
<tr><td colspan="4">시대별 메이크업하기 (1201010342_16v1.3)</td></tr>
<tr><td colspan="4">3.1 시대별 사회·문화적 배경, 패션, 메이크업 스타일의 특징을 파악할 수 있다.</td></tr>
<tr><td colspan="4">3.2 시대별 메이크업 특성을 일러스트로 표현할 수 있다.</td></tr>
<tr><td colspan="4">3.3 시대별 메이크업 특성을 반영한 디자인을 실행할 수 있다.</td></tr>
<tr><td colspan="2">사진 첨부</td><td colspan="2">시술순서 및 방법</td></tr>
<tr><td colspan="2"></td><td colspan="2"></td></tr>
<tr><td>시술 소감</td><td colspan="3"></td></tr>
</table>

진단평가서

진단평가서(사전평가)

교과목명	응용 메이크업 실습서		담당교수		
학　　년		학　　기		분　　반	
능력단위명 (능력단위코드)	속눈썹 연출(1201010318_16v3) 응용 메이크업(1201010341_16v1) 트렌드 메이크업(1201010342_16v1)				
학생총원(명)		평가인원(명)		미평가인원(명)	
문항 수		합계점수		평균점수	

영역 (능력단위요소)	진단 문항	자가진단			통계	
		높음	보통	낮음	합계	평균(%)
인조속눈썹 작업하기	2.1. 인조 속눈썹 부착을 위한 제품, 도구를 사용할 수 있다.					
	2.2. 속눈썹과의 자연스러운 조화를 위해 수정할 수 있다.					
	합　계					
패션이미지 메이크업 제안하기	1.1. 패션 이미지 유형에 따라 메이크업 디자인 요소를 분석할 수 있다.					
	1.2. 패션 이미지 분석결과를 메이크업 일러스트로 표현할 수 있다.					
	합　계					
트렌드 메이크업하기	2.1. 최신 메이크업 트렌드를 일러스트로 표현할 수 있다.					
	2.2. 최신 트렌드 정보를 메이크업에 적용할 수 있다.					
	합　계					
시대별 메이크업하기	3.1. 시대별 사회·문화적 배경, 패션, 메이크업 스타일의 특징을 파악할 수 있다.					
	3.2. 시대별 메이크업 특성을 일러스트로 표현할 수 있다.					
	3.3. 시대별 메이크업 특성을 반영한 디자인을 실행할 수 있다.					
	합　계					

진단결과	능력단위요소	문항수	합계점수	평균점수(%)
	인조속눈썹 작업하기	2		
	패션이미지 메이크업 제안하기	2		
	트렌드 메이크업하기	2		
	시대별 메이크업하기	3		

진단평가서(사후평가)

교과목명	응용 메이크업 실습서		담당교수		
학 년		학 기		분 반	
능력단위명 (능력단위코드)	속눈썹 연출(1201010318_16v3) 응용 메이크업(1201010341_16v1) 트렌드 메이크업(1201010342_16v1)				
학생총원(명)		평가인원(명)		미평가인원(명)	
문항 수		합계점수		평균점수	

영역 (능력단위요소)	진단 문항	자가진단			통계	
		높음	보통	낮음	합계	평균(%)
인조속눈썹 작업하기	2.1. 인조 속눈썹 부착을 위한 제품, 도구를 사용할 수 있다.					
	2.2. 속눈썹과의 자연스러운 조화를 위해 수정할 수 있다.					
	합 계					
패션이미지 메이크업 제안하기	1.1. 패션 이미지 유형에 따라 메이크업 디자인 요소를 분석할 수 있다.					
	1.2. 패션 이미지 분석결과를 메이크업 일러스트로 표현할 수 있다.					
	합 계					
트렌드 메이크업하기	2.1. 최신 메이크업 트렌드를 일러스트로 표현할 수 있다.					
	2.2. 최신 트렌드 정보를 메이크업에 적용할 수 있다.					
	합 계					
시대별 메이크업하기	3.1. 시대별 사회·문화적 배경, 패션, 메이크업 스타일의 특징을 파악할 수 있다.					
	3.2. 시대별 메이크업 특성을 일러스트로 표현할 수 있다.					
	3.3. 시대별 메이크업 특성을 반영한 디자인을 실행할 수 있다.					
	합 계					

진단결과	능력단위요소	문항수	합계점수	평균점수(%)
	인조 속눈썹 작업하기	2		
	패션 이미지 메이크업 제안하기	2		
	트렌드 메이크업하기	2		
	시대별 메이크업하기	3		

심화/향상 교육 및 평가

심화교육

<table>
<tr><td>교과목명</td><td colspan="3">응용 메이크업 실습서</td><td>교강사명</td><td></td></tr>
<tr><td>학과명</td><td></td><td>학년-학기</td><td></td><td>분반</td><td></td></tr>
<tr><td>관련직무명</td><td>03. 메이크업</td><td>능력단위명
(능력단위코드)</td><td colspan="3">속눈썹 연출(1201010318)
응용 메이크업(1201010341)
트렌드 메이크업(1201010342)</td></tr>
</table>

<table>
<tr><th colspan="3">운영 계획</th></tr>
<tr><td>개요</td><td colspan="2">응용 메이크업이 직무를 수행하기 위해 메이크업 디자인을 분석하고 실행할 수 있도록 심화 단계의 메이크업을 실행한다.</td></tr>
<tr><td>교육방법</td><td colspan="2">1.강의</td></tr>
<tr><td rowspan="10">교육내용</td><td>능력단위요소</td><td>수행준거</td></tr>
<tr><td rowspan="2">인조 속눈썹 작업하기</td><td>2.1. 인조 속눈썹 부착을 위한 제품, 도구를 사용할 수 있다</td></tr>
<tr><td>2.2. 속눈썹과의 자연스러운 조화를 위해 수정할 수 있다</td></tr>
<tr><td rowspan="2">패션 이미지 메이크업 제안하기</td><td>1.1. 패션 이미지 유형에 따라 메이크업 디자인 요소를 분석할 수 있다.</td></tr>
<tr><td>1.2. 패션 이미지 분석결과를 메이크업 일러스트로 표현할 수 있다.</td></tr>
<tr><td rowspan="2">트렌드 메이크업하기</td><td>2.1. 최신 메이크업 트렌드를 일러스트로 표현할 수 있다.</td></tr>
<tr><td>2.2. 최신 트렌드 정보를 메이크업에 적용할 수 있다.</td></tr>
<tr><td rowspan="3">시대별 메이크업하기</td><td>3.1. 시대별 사회·문화적 배경, 패션, 메이크업 스타일의 특징을 파악할 수 있다.</td></tr>
<tr><td>3.2. 시대별 메이크업 특성을 일러스트로 표현할 수 있다.</td></tr>
<tr><td>3.3. 시대별 메이크업 특성을 반영한 디자인을 실행할 수 있다</td></tr>
</table>

향상교육

교과목명	응용 메이크업 실습서			교강사명	
학과명		학년-학기		분반	
관련직무명	03. 메이크업	능력단위명 (능력단위코드)	속눈썹 연출(1201010318) 응용 메이크업(1201010341) 트렌드 메이크업(1201010342)		

운영 계획		
개요	응용 메이크업의 메이크업 실행에 따른 메이크업 디자인과 실습을 실행하여 학습성과에 필요한 수준의 부분을 보강한다.	
교육방법	1.강의	
교육내용	능력단위요소	수행준거
	인조 속눈썹 작업하기	2.1. 인조 속눈썹 부착을 위한 제품, 도구를 사용할 수 있다.
		2.2. 속눈썹과의 자연스러운 조화를 위해 수정할 수 있다.
	패션 이미지 메이크업 제안하기	1.1. 패션 이미지 유형에 따라 메이크업 디자인 요소를 분석할 수 있다.
		1.2. 패션 이미지 분석결과를 메이크업 일러스트로 표현할 수 있다.
	트렌드 메이크업하기	2.1. 최신 메이크업 트렌드를 일러스트로 표현할 수 있다.
		2.2. 최신 트렌드 정보를 메이크업에 적용할 수 있다.
	시대별 메이크업하기	3.1. 시대별 사회·문화적 배경, 패션, 메이크업 스타일의 특징을 파악할 수 있다.
		3.2. 시대별 메이크업 특성을 일러스트로 표현할 수 있다.
		3.3. 시대별 메이크업 특성을 반영한 디자인을 실행할 수 있다.
재평가계획	응용 메이크업의 현장 실무를 위한 보강학습에 따른 실기를 재평가한다.	

저자약력

노보경 여주대학교 뷰티약손미용과 초빙교수

김유정 여주대학교 뷰티약손미용과 교수

National Competency Standards **NCS**
http://www.ncs.go.kr

메 이 크 업 **직 무 능 력 표 준** 학 습 모 듈

응용메이크업 실습서

초 판 인 쇄 | 2019년 10월 1일
초 판 발 행 | 2019년 10월 5일

저 자 | 노보경 · 김유정
발 행 인 | 조규백
발 행 처 | 도서출판 구민사
(07293)서울특별시 영등포구 문래북로 116, 604호(문래동 3가 46, 트리플렉스)
전 화 | (02) 701-7421~2
팩 스 | (02) 3273-9642
홈 페 이 지 | www.kuhminsa.co.kr
신 고 번 호 | 제 2012-000055호(1980년 2월 4일)
I S B N | 979-11-5813-736-6 [13590]
정 가 | 12,000원